U0045887

滿載全彩照片與品系解說、飼養&繁殖資料

物種解說、分類飼育方法完全收錄

陸龜超圖鑑

海老沼 剛／著 Takeshi Ebinuma　川添 宣広／編·攝影 Nobuhiro Kawazoe　蕭辰倢／譯

Reptiles & Amphibians Photo guide Series

Tortoise

CONTENTS

Reptiles & Amphibians
Photo guide Series

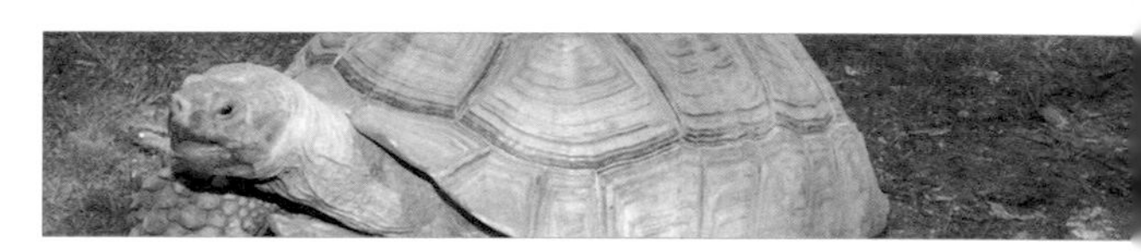

何謂陸龜？

Chapter.01 Introduction

What's Tortoise

對於烏龜這種生物，或許人人都抱持著不同印象，不過最常出現的形容想必是「背上有殼」，其次則是「長壽」及「慢吞吞」等。實際上，擁有甲殼的確是現存龜類的一致特徵，但長壽和動作緩慢，則不盡然普遍如此。烏龜作為一種生物，既存在著壽命僅約十年的短命物種，也有不少能夠迅速游動的水棲龜類。

但以我們人類會培育的烏龜而言，其實上述印象絕對不算有誤。其中長壽形象在日本尤其明顯。烏龜和鶴等動物組合在吉祥信仰裡被賦予了長壽意涵，而在現實之中，也存在著壽命超越100年的烏龜。100歲壽命就生物而言，尤其在動物界裡，可以說是相當長壽的類型。至於活動方面，動作遲緩、無法機靈行動的族群偏多，同樣是不爭的事實。比起水棲龜類，在主要進行陸地活動的族群，也就是所謂的「陸龜」身上，這些特徵更顯突出。於此我們也可以說，陸龜其實較為接近大眾對於烏龜的想像。以長壽超過百年著稱的亞達伯拉象龜及加拉巴哥象龜都屬於陸龜，而在童話〈龜兔賽跑〉裡頭，那隻以緩慢步調持續前進的「慢吞吞的烏龜」，無疑也是陸龜的形象。

接下來的篇章，雖說一概都是「陸龜」，我們仍不妨想一想，牠們究竟是一種怎樣的生物呢？

INTRODUCTI

陸龜的定義及分類

陸龜一詞具有數種意涵，從字面上讀來，它可以指全數「棲息於陸地上的烏龜」；進一步由分類學的角度切入，則可單指在爬蟲綱龜鱉目之下，包含於陸龜科Testudinidae中的群體。前者指的是所有的陸棲龜類，因此即使是未被分類在陸龜科下的烏龜，例如隸屬於澤龜科Emydidae箱龜屬*Terrapene*的同類，以及分布於日本八重山群島等處，屬於地龜科Geoemydidae的食蛇龜（*Cuora flavomarginata*）等，由於陸棲性偏強，也都包含在此種定義之內。本書所處理的「陸龜」較偏向後者，也就是分類學上的定義，指的是陸龜科這個群體所包含的同類（相關分類參照右表）。

陸龜科有數個特徵，除了後文所會提及的以植物為主食，在身體構造方面還可舉出許多特色，例如頸部和尾巴較短、許多品種擁有圓頂狀高甲殼、四肢及頭部的鱗片發達、四肢呈短胖圓柱狀、沒有蹼、手指不明顯，經常會在四肢上直接長成爪形等等。

龜鱉目下有超過50個物種都屬於陸龜科。這個比例相較於全體龜類絕不算多，硬要說的話，陸龜應該算是繁榮全盛期已成過

What's

ON

What's Tortoise

往的種族。

陸龜科的分類近年來產生了巨大變化，本書參照〈寵物陸龜的飼育及分類〉（ペットとしてのリクガメの飼育と分類，Extra Creeper／安川：2008）等資料，盡力以接近最新見解的分類進行解說。然而目前的分類方式，其實仍存在著變動不定的部分，陸龜科的科學分類，或許尚需一段時日才能塵埃落定。

Classification

- 動物界（Animalia）
  - 脊索動物門（Chordata）
    - 爬行綱（Reptilia）
      - 龜鱉目（Testudines）
        - 曲頸龜亞目（Cryptodira）
          - 陸龜科（Testudinidae）
            - 陸龜亞科（Testudininae）
            - 穴龜亞科（Xerobatinae）
        - 側頸龜亞目（Pleurodira）

Tortoise

陸龜的棲息地與習性

透過生物學分類劃分群體時所指的陸龜類，如同名稱所示，所有品種皆是陸棲龜類。沒有任何一種陸龜能在水中生活，基本上也都不會游泳（但例如折背龜屬等，還是有部分陸龜能在淺水位中游泳）。即便是愛好高濕環境的品種，頂多也只會在水域較多的森林或者溼地生活。不少陸龜品種都只習慣乾燥土地，有的甚至還演變出了其他龜類所沒有的特性，能夠適應沙漠般的環境。

陸龜是龜鱉目中食植性偏強的生物，最起碼專食動物的陸龜並不存在。這點與前文所述，陸龜的其中一種形象「行動遲緩」也有關聯。水棲龜類的肉食傾向較強，有些還能在水中高速游動。這是因為魚蝦等食物來源都會在水中巡游，不論追捕或埋伏出擊，都需要具備相當的爆發力。此外在「陸棲龜類」的行列，例如地龜科的黑胸葉龜（*Geoemyda spengleri*）等，也演變出了捕食昆蟲等等習性，能夠在地面上輕快行走，迅速追逐視為獵物的蟲子。相對於這些肉食性較強的烏龜，陸龜科的同類則捨棄了狩獵動物所需的敏捷度，選擇緩速移動，以不會逃跑的植物為食。陸龜類的動作比其他龜類還慢，原因正是出自於此。另一方面，其實

ON

What's Tortoise

部分陸龜也會食用動物性物質。不過這類具有雜食傾向的陸龜，也只會攝取一些不需迅速捕食的東西，例如同屬動物性物質，行動卻非常遲鈍的蝸牛、蛞蝓等陸棲軟體動物、衰弱的昆蟲或動物死屍等。

也就是說，陸龜們在適應了陸地生活的同時，也演化出了草食傾向，其中後者尤顯重要。現存龜類的食性，大多落在食肉性偏強的雜食～幾乎完全肉食之間，相對於此，陸龜們卻以「科」為單位，整體偏向草食或草食傾向強烈的雜食，稱得上是較為特殊的一類烏龜。

陸龜科的烏龜主要分布於溫帶到熱帶地區，棲息於歐亞大陸、非洲大陸、南北美大陸、馬達加斯加、印尼島嶼群、賽席爾群島及斯里蘭卡。在澳大利亞、大洋洲地區以及日本列島，則沒有陸龜存在。

身為豢養動物的陸龜

烏龜隸屬爬蟲類，但相較於鱷魚類、蛇類及蜥蜴類，卻不太具有普通爬蟲類的氣息。上述同伴容易帶給人「稀奇古怪」、「令人毛骨悚然」、「恐怖」等等負面感受，烏龜則很難產生這種形象。尤其陸龜類那悠悠哉哉的氣場和習性，吃草所帶給人的溫馴印象，都帶給了人們高度好感，因此自古便是一種經常受到豢養的寵物。然而，不只是陸龜，在人們尚未正確了解飼養爬蟲類的適切方法時，牠們就已經大量流通，人們就算成功取得，也經常因飼養不順而導致死亡，形成一種消費式的飼養行為。到頭來還造成了棲地的環境破壞等等，使得許多陸龜類的棲息數量隨之縮減。

近年來，隨著正確飼養方法的推廣，飼育器具及營養補充劑等選擇也較20年前豐富，陸龜因而得以逐步擺脫單純的消費型飼養行為。目前某些品種已有透過人工飼養進

行繁殖，其中還有成功逐代繁殖的案例。就連曾被認定為難以飼養的品種、無法長期飼養的品種等等，雖説速度不快，卻也慢慢找出了適切的飼育方法。即便如此，整體而言還是必須承認，陸龜依舊是相當仰賴野生來源的一類寵物。再怎麼説，本系列圖鑑過去曾經提及的豹紋守宮、內陸鬍鬚蜥及玉米蛇等品種，在市面上流通的主要來源皆是人工繁殖個體，與之相比，陸龜實在稱不上是飼養方法已然確立的領域。這樣的情況雖然無法一口否認，在飼養之際，卻也是應該事先謹記於心的事實。陸龜飼育這門領域，往後仍須再累積全新的知識，持續改善，以利奠定各品種的飼育方法。跟其他爬蟲類相比，人們在飼養陸龜時，更會對單一陸龜投注關愛，投射擬人化的情感，營造出寵愛型的飼養過程。然而傾注關愛跟正確飼養畢竟是兩回事，這點還請讀者放在心上。

另外，陸龜之於龜類算是少數派，屬於自成一類的群體，因此在著手飼養之前，先正確理解哪個品種較適合自己的飼養型態，也是相當重要的。如果只是擁有想養「陸龜」的曖昧心態，要把烏龜帶到眼前飼養，其實仍算操之過急。能夠張羅的設備及時間皆因人而異，各品種所需的飼養條件也不盡相同。只要飼養方式正確，陸龜將是能存活20年以上的長壽生物，因此飼養前也請慎重思忖，是否能夠一路養到最後。

本書將以「屬」為單位劃分眾多陸龜，盡力介紹不同的種類及個體。雖説都是陸龜，若本書能幫助讀者理解之中有哪些類型，找到最適合自己的那一隻，實為所幸。

陸龜的身體構造

Chapter.02

The External Anatomy

接下來，讓我們看看陸龜的身體構造，以及蔚為特徵的器官。
如果連身體各處的名稱都能記住，那就更好了。
此篇將從頭部、甲殼及四肢等，依部位逐步介紹。

頭部

陸龜的頭部通常不會大到過於極端，許多品種都有著圓弧鼻尖

【瞬膜】

陸龜等爬蟲類、兩生類及鳥類，在眼睛內側都有一層不同於眼瞼的「瞬膜」。相對於上下開闔的眼瞼，更內側的瞬膜則是水平式左右開闔。陸龜這種生物的瞬膜很易於辨識，在眼球前後經常會看見一層偏白的膜，這就是瞬膜，跟眼瞼一樣都能防止眼睛乾燥。某些品種的這個部位會比較明顯，並不是疾病。

【喙】

包括陸龜在內，整個龜鱉目都沒有牙齒。取而代之的是嘴巴周邊堅硬的喙，能在進食時切斷食物。陸龜屬於草食性偏強的群體，為了截斷堅硬的植物纖維，而具備相當發達的喙。某些品種的嘴巴邊緣甚至呈鋸齒狀，能夠更輕易地切斷植物。

【脖子】

跟龜鱉目的其他物種相比，被稱作頸部的脖子部分並不算特別長，屬於標準長度。幾乎所有品種的這個部分都能上下彎成S型，把頭部收納到龜甲裡頭。

陸龜的身體構造

龜甲

擁有甲殼是龜類最大的特徵。這點陸龜也是一樣，能夠透過身上的堅硬甲殼來抵禦外敵、防止身體乾燥等。陸龜的龜甲具有厚度，大多呈圓頂形及拱形。於此之中，也有像餅乾龜般的品種，具備扁平且質感特殊的龜甲。

烏龜甲殼的底面有著由骨骼發育而成的骨板，跟脊椎及肋骨一體成形。在此部分的外層，則覆有由鱗片發育成的角質化盾板，形成二重構造。這樣的雙層結構，將能在陸龜受到衝擊與傷害時確實守護身體。

龜甲會隨成長慢慢變大。尤其甲板部分，各塊甲板在成長時會猶如樹木年輪般不斷往外推疊，經年累月之下可以擴張出許多層。在年輪狀甲板最外側，跟其他甲板接軌之處，存在著還很柔軟的部分，稱為「生長紋」。在成長迅速的年輕陸龜身上，經常可以找到生長紋。

甲殼的背面那側叫「背甲」，腹部那側則叫「腹甲」，聯繫背甲和腹甲的橋狀部分稱為「甲橋」。某些龜類擁有部分可動式的腹甲，可如箱子般閉合。陸龜中也有幾個品種擁有這類可動式的腹甲。另外，折背龜的同類們則是擁有部分可動式的背甲，而非腹甲，是種相當罕見的龜類。

從正上方看甲殼時，自龜甲頭部側到尾部側的直線長度稱為「甲長」。在透過數值表示生物尺寸的時候，會運用到各式各樣的測量方式，但包括陸龜在內的龜類，基本上都會以此處所說的甲長來計算。

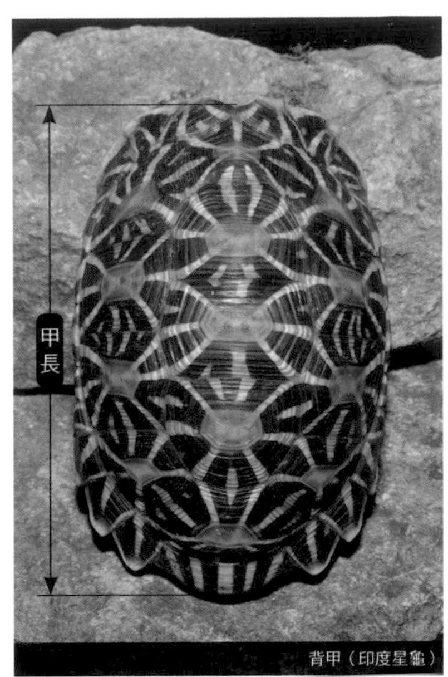

背甲（印度星龜）

腹甲（印度星龜）

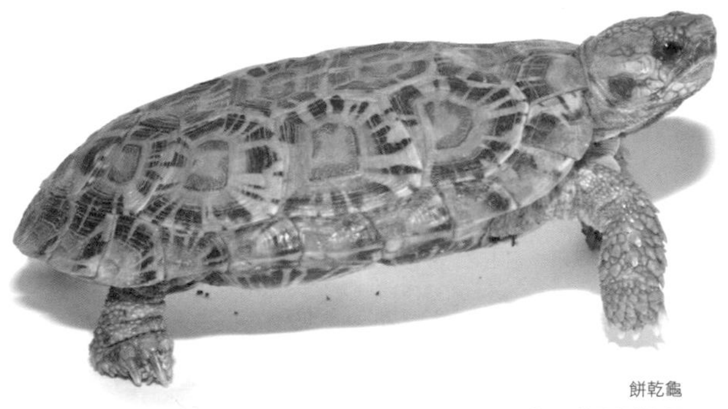
餅乾龜
擁有扁平而較柔軟的龜甲

生長紋（白色部分）

鱗片

談起陸龜的鱗片，或許有些難以想像，不過只要仔細觀察，就會發現陸龜在頭部及手腳等龜甲以外的許多地方都覆有鱗片。這是為了防止皮膚乾燥，並覆蓋住龜甲無法完全防禦的部分，以提升堅固程度。鱗片大小不均，形狀和硬度也依身體部位而異。手腳的鱗片很堅固，某些品種會發展出長棘狀或楔子般的形態。此部分的鱗片通常會長得很密。頭部的鱗片則很扁平，各鱗片間不會重合。此外，某些品種在尾巴根部等處，會長有棘狀突起般的鱗片。

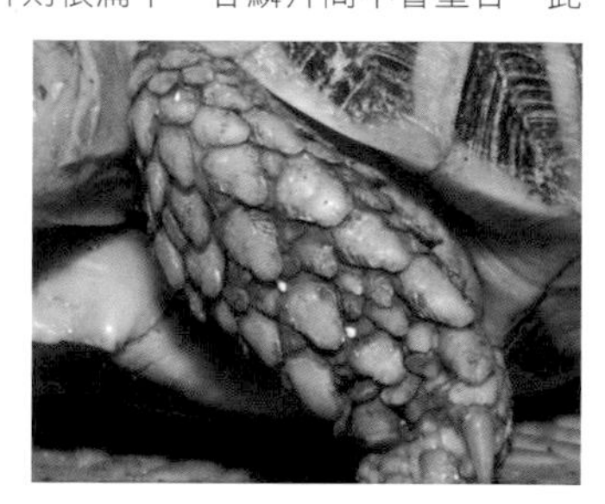

四肢

為了能在地面上四處行走，陸龜的四肢相當發達。手腳的形狀依品種而異，亞達伯拉象龜和蘇卡達象龜等呈棍棒狀；有強烈挖洞習性的穴龜屬及四爪陸龜屬等則有扁平前肢，呈寬闊的鏟子狀。陸龜跟水棲龜類不同的地方，在於所有品種都沒有蹼。

蘇卡達象龜的前肢（棍棒狀）

亞達伯拉象龜的前肢（棍棒狀）

地鼠穴龜的前肢（鏟子狀）

四爪陸龜的前肢（鏟子狀）

東部赫曼陸龜的前肢

東部赫曼陸龜的後肢

陸龜的身體構造

尾

陸龜的尾巴在龜鱉目中算短，這也成了陸龜族群的其中一個定義。於此之中，雄龜會比雌龜擁有更粗而長的尾巴。

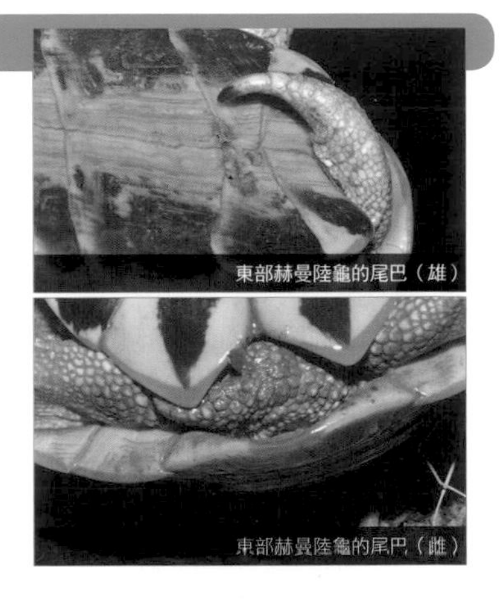

東部赫曼陸龜的尾巴（雄）

東部赫曼陸龜的尾巴（雌）

總排泄孔

爬蟲類的糞尿排泄口及生殖器出入口是並用的。因此這個部分不會稱為肛門或生殖口，而叫做總排泄孔或排泄孔。

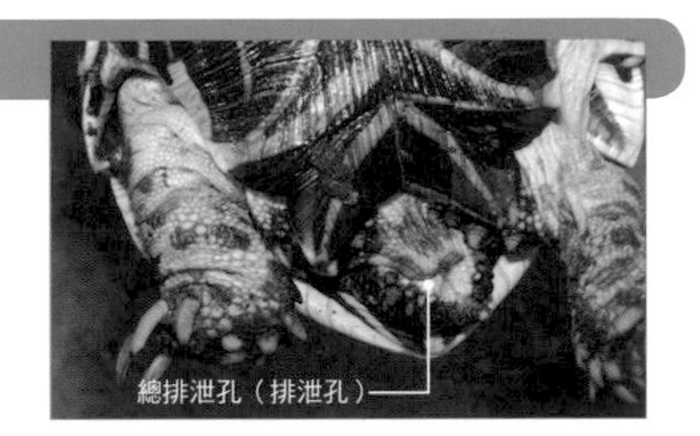

雌雄的差異

依品種不同，雌雄陸龜的型態差異也可能相當顯著。最容易辨識的就是尾巴的形狀，雄龜尾巴粗而長，雌龜則是短而細。總排泄孔的位置也不相同，雄龜的位於身體外側，雌龜的則位於更內側。

許多品種的雄龜龜甲形狀都較細長，雌龜則是較圓。某些品種還會因雌雄而有不同大小的龜甲，例如星龜和緬甸星龜等，雌龜的身形都比雄龜更大。

有極少部分的品種，如鷹嘴珍龜等，在成熟雄龜的身上會顯現婚姻色，此色調差異也可用來判定是雌是雄。

不過，幼體及年輕個體並未發現類似上述的特徵，要分辨雌雄會較有難度。

雌雄的比較（東部赫曼陸龜），背甲，左為雄龜，右為雌龜

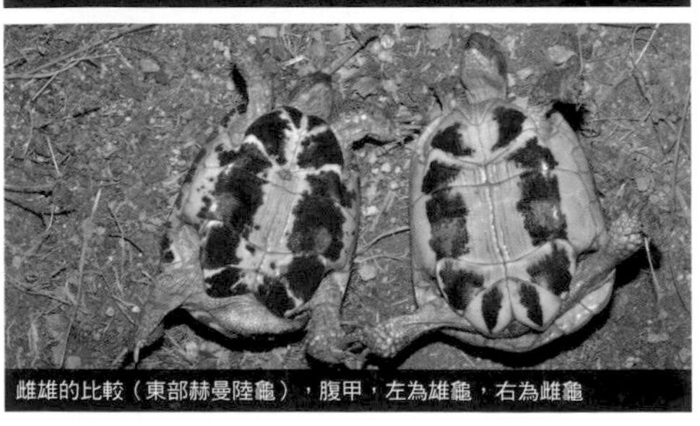

雌雄的比較（東部赫曼陸龜），腹甲，左為雄龜，右為雌龜

黃腿象龜的雄龜（腹甲）

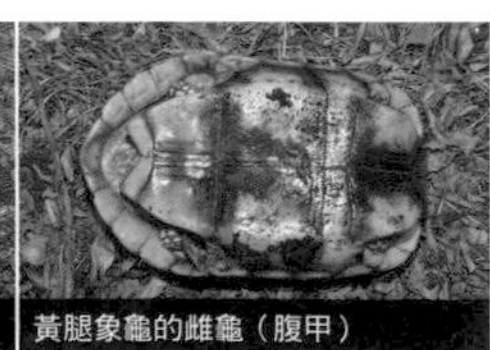

黃腿象龜的雌龜（腹甲）

陸龜的身體構造

幼體及成體的形狀差異

即使是同種陸龜，剛出生的幼體及成熟後的成體，身形通常都有差異。形狀改變的方式依品種而異，但龜甲在幼體時通常較圓，殼的質感也比較薄；與此相對，成體伴隨著各甲板的成長，甲殼會累積轉厚，逐漸變成硬質，形狀也通常也會越顯細長。

印度星龜的幼體

印度星龜的成體

黃腿象龜的親與子

■ 甲板的構造及名稱

● **背甲**………指背部那面的甲殼。表層部分的甲板，由沿著脊髓彎曲的5片「椎甲板」、在椎甲板左右側各4片的「肋甲板」、圍繞著椎甲板和肋甲板，左右兩側各有12片的「緣甲板」、位於左右側緣甲板接縫位置，靠頭部側的1片「頂甲板」、位於左右側緣甲板接縫位置，靠尾部側的1對（或1片）「臀甲板」所構成。在龜鱉目中，這些甲板的數量會依物種而異，某些品種不具備頂甲板和臀甲板，除去陸龜的一部分同類，基本上擁有的甲板都跟上述差不多。

● **甲橋**………連接腹甲和背甲的部分，若是陸龜，就會由「腋下甲板」及「鼠蹊甲板」等小型甲板並排而成。

● **腹甲**………腹甲是覆蓋腹部的甲殼。從靠頭部側開始分別為「間喉甲板」（陸龜中幾乎沒有具備此種甲板的品種）、「喉甲板」、「肩甲板」、「胸甲板」、「腹甲板」、「股甲板」及「肛甲板」。間喉甲板通常只會有1塊，其他甲板則是左右成對，各有1對。各甲板的尺寸比例依品種有著眾多差異，有時特定甲板的左右側可能會跟其他甲板分割開來。

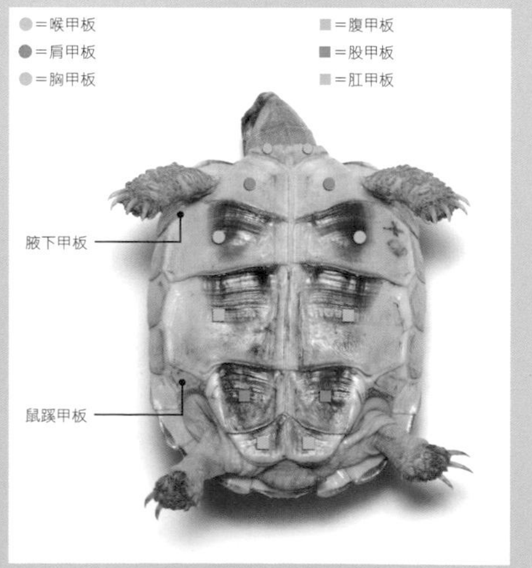

陸龜圖鑑

Chapter.03 Picture Book of Tortoise

Geochelone-group

象龜屬群

陸龜亞科是陸龜科除去穴龜亞科後的所有群體，構成了陸龜科的核心。其中由陸龜屬及3個近緣屬所組成的陸龜屬群，被歸於稍遠的位置，剩下的則全數分入象龜屬群之中。本書是根據以上想法進行分類。

陸龜亞科的象龜屬群，還可再分割成5個近緣屬的類群。第1個是單由象龜屬所構成的*Geochelone*類群，第2個是單由南美象龜屬所構成的*Chelonoidis*類群，第3個是由挺胸龜屬、珍龜屬、豹龜屬及沙龜屬

Chapter.03

Picture Book of **Tortoise**

所構成的*Chersina*類群，第4個是單由折背龜屬所構成的*Kinixys*類群，最後1個則是由亞達伯拉象龜屬、馬島陸龜屬、安哥洛卡屬、蛛網龜屬所構成的*Pyxis*類群。

陸龜科的眾多屬都包含在此亞科的任一類群之中。由於種類眾多，生活環境同樣也形形色色，有品種棲息在沙漠、荒地等乾燥地域到濕潤的熱帶雨林間，也有品種適應了島嶼地域及高原等特殊環境。

印度星龜

Geochelone elegans

甲長：約30 cm左右

雌龜，攝於斯里蘭卡，甲長22 cm

象龜屬

Geochelone

象龜屬稱得上是陸龜科的代表族群，有許多其他屬的品種過去都曾經包含於象龜屬中。其後隨著分類變更，不少品種皆獨立成屬，目前象龜屬只剩下3個物種。在這3個物種之中，印度星龜及緬甸星龜（於P.96另行解說）外形相似，棲息地及外觀都跟第3個物種蘇卡達象龜相去甚遠。日後隨著分類研究不斷進行，這2個群體或許有機會晉升成不同的屬。

印度星龜分布於亞洲大陸南部及斯里蘭卡，棲息在由季風帶來雨季及乾季的環境之中。在草地、樹林、開闊的森林等處都能見到。背甲呈黑色，各甲板上散布著黃褐色～奶油色的放射狀細線，整體看起來有如星形圖案，因而得名「星龜」。據說其圖案的放射樣態及龜甲形狀等都存在著地域差異，因此有時也會冠上產地名稱來販售。剛孵化不久的幼體，便已擁有相當的體高，圓得像是乒乓球般。這個時期各甲板上的黃色線條數量不多，圖案也很簡單。隨著成長，龜甲會變得稍微細長，甲板上的線條數量也會逐漸增加。

另一方面，蘇卡達象龜則分布於非洲大陸中部至西部沿岸地區，是種能長成極大體型的陸龜。牠們棲息於乾燥地區，在接近沙漠的地方、荒地、草原及熱帶大草原等處都能見到。或許因為生活在乾燥的地方，會碰到無法用嘴喝到的淺水窪，牠們因而也能透過鼻孔來喝水。

蘇卡達象龜的日文名稱之所以叫做「足距陸龜」，正是因為後腳根部處那突起物般的發達鱗片，模樣有如「足距」（鳥類腳部後側的突起小趾）。幼體擁有圓頂形龜甲，但會隨成長變得稍微扁平。此外，甲板上的生長紋則會形成年輪似的溝槽。

關於市面上的流通情形，印度星龜及蘇卡達象龜都相較穩定，但因人類濫捕的壓力及棲地減少等因素，某些族群的數量正在連年減少。蘇卡達象龜會長到很大隻，成長速度也相當快，導致有些飼主在短暫飼養後便無以為繼。請記得先思考未來能否為成體準備足夠的空間，再判斷是否飼養。

斯里蘭卡的棲息環境（乾季）

白天會躲在草叢或落葉堆積的地方避暑，放射狀花紋很能融入草木陰影中

雌龜，攝於斯里蘭卡，甲長 24 ㎝

雄龜，攝於斯里蘭卡，甲長 14 ㎝

從側面觀看野生個體

雄龜，攝於斯里蘭卡，甲長 17 ㎝，或許曾把頭埋在土裡，所以臉上沾到了土

雌龜的腹甲（斯里蘭卡的野生個體）

雌龜的背甲（斯里蘭卡的野生個體）

雄龜的腹甲（斯里蘭卡的野生個體）

雄龜的背甲（斯里蘭卡的野生個體）

幼體（斯里蘭卡的野生個體）

幼體，帶狀紋稍粗的類型

幼體，帶狀紋較細的類型

幼體，底色較濃的個體

幼體，每隻個體的花樣及色澤各異，很有個性

在日本國內繁殖出的幼體。白色部分面積廣闊的個體

幼體的腹甲，整體而言偏紅的個體

年輕個體

亞成體
成體雌龜
帶有明顯黃色的個體
稍微成長後的個體
成體雄龜

雄龜的背甲。一般多如下方個體呈細長形，但也可能像上方個體般形狀偏圓

雄龜的腹甲

雌龜的背甲。大多個體的龜甲偏圓，但也可能像右側般呈細長形

產自巴基斯坦

雌龜的腹甲

產自巴基斯坦的背甲

產自巴基斯坦的腹甲

帶狀紋較細的個體

※白變（Leucism）：動物個體出於色素細胞缺陷等因素，因缺乏所有類型的色素而整體偏白。與單純缺乏黑色素的白化（Albinism）並不相同。

幼體，可看出色調稍有個體差異

背甲

腹甲，並未長出任何花紋

產自迦納

經常會有相當可愛的幼體

幼體時龜甲又圓又高

成體

從正面觀看成體

成體

成體。
需要越來越廣闊的飼養空間

年輕個體（產自迦納）

卵

白化（幼體）

白化（年輕個體）

東部豹龜，幼體

豹龜屬

Stigmochelys

豹龜屬曾是象龜屬底下的物種，其後獨立自成一屬。豹龜屬只由豹紋陸龜這個單屬種所構成，跟象龜屬的蘇卡達象龜血緣相近，也有在人工飼育下產生雜交個體的案例。不僅豹龜屬，所有原本曾包含於象龜屬之下的烏龜品種，大多都擁有圓頂狀的高龜甲、堅實的圓棒狀手腳等，姿態跟我們想像中的陸龜很相近。

豹紋陸龜分布於非洲大陸東部、東南部至南部。棲息地為開放的乾燥場所，喜愛長有大量禾本科植物的草地、熱帶大草原、乾燥林地、灌木眾多的熱帶大草原等。在蓊鬱的森林地帶，以及極端乾燥的沙漠狀土地反倒較不常見。

豹紋陸龜擁有偏高的龜甲，黃褐色～亮褐色的龜甲上散布眾多暗褐色或黑色細斑。其「豹紋」稱號正是源自於這種花樣，英文名稱也叫做「Lepard-tortoise」。剛出生的幼體在甲板內側會有褐色花紋環繞，甚至會轉為黑色，彷彿各塊甲板的鑲邊，模樣跟成體大相逕庭。

某些人認為本物種具有2個亞種，分別是位於棲地北側的東部豹龜（*S. pardalis babcocki*）族群，以及位於南部的指名亞種西部豹龜（*S. p. pardalis*）族群。近年來，此説經常因為差異尚未大到必須區分亞種而遭到否定。在市面上流通時，通常還是會區分東部豹龜和西部豹龜，這兩個類型在形狀等各處確實存在著特定程度的差異（西部豹龜在幼體時，龜甲會比東部豹龜更細長扁平，各椎甲板的中央處常有2個黑點，以近似豬鼻的型態並排），因此相信在業餘愛好的圈子裡，往後仍會繼續區分。

豹紋陸龜的流通狀況目前（2014年）很穩定，日本會定期進口幼體及年輕個體。被歸類成西部豹龜的類型，流通數量比東部豹龜還少，不太有機會碰見。豹紋陸龜雖然還不到蘇卡達象龜的程度，但最大甲長同樣很大，成長也算相當迅速，因此就跟蘇卡達象龜一樣，在決定擁有之前，記得要先考量是否能夠養到最後。跟其他陸龜相比，豹紋陸龜長到亞成體之後，在大自然中的活動範圍相當遼闊，是非常活潑的品種。

東部豹龜，
稍微長大後的幼體

東部豹龜，
產自肯亞東部

東部豹龜的年輕個體

東部豹龜的年輕個體

東部豹龜，花紋及色澤種類繁多

東部豹龜的背甲

東部豹龜的腹甲

東部豹龜的年輕個體

東部豹龜
以「超級白豹龜」（Super White Leopard）之名流通，
明顯偏白的個體

東部豹龜的年輕個體

東部豹龜（產自尚比亞）

東部豹龜（產自尚比亞）的腹甲

東部豹龜，以「白豹龜」之名流通的個體

未長花紋的個體

東部豹龜的成體

「索馬利亞豹龜」的幼體

「索馬利亞豹龜」的幼體背甲

「索馬利亞豹龜」的年輕個體

「索馬利亞豹龜」的幼體腹甲

以「索馬利亞豹龜」之名流通的類型

「索馬利亞豹龜」的背甲

「索馬利亞豹龜」的腹甲

Chapter 03 豹龜屬 豹紋陸龜

西部豹龜的幼體
西部豹龜的年輕個體
西部豹龜的幼體
西部豹龜的亞成體
西部豹龜的亞成體（背甲）
西部豹龜的亞成體（腹甲）
西部豹龜的成體
西部豹龜的成體（背甲）
西部豹龜的成體（腹甲）
白化個體
跟蘇卡達象龜的雜交個體，
以「蘇卡豹」之名流通販賣
「蘇卡豹」的年輕個體

亞達伯拉象龜屬

Dipsochelys

一般而言，會稱為「象龜」的物種，有本屬的亞達伯拉象龜（*Dipsochelys dussumieri*），以及另一屬的加拉巴哥象龜（*Chelonoidis nigra*）（於P.98解說）。這兩種「象龜」實際上並沒有太近緣，加拉巴哥象龜跟其他近緣種都隸屬於南美象龜屬。長久以來，人們曾認定亞達伯拉象龜屬現存只剩亞達伯拉象龜這個單一物種，不過後來在亞達伯拉象龜的族群之中，卻重新發現了本來以為已經滅絕的阿諾象龜（*D. arnoldi*）及賽席爾象龜（*D. hololissa*），因此目前亞達伯拉象龜屬之下包含3個物種，全都是賽席爾群島的特有種。

此屬中最受歡迎的亞達伯拉象龜，除了原產地賽席爾群島的亞達伯拉環礁之外，也被引進到賽席爾群島內的其他地點、法屬留尼旺、模里西斯群島等處，在這些地方同樣落地生根。亞達伯拉象龜棲息於灌木林、靠近沿岸的草原、濕地地帶及濕原等處，大多會鄰近濕氣較重的水源處。牠們不太喜歡強烈日光，在野外會做泥巴浴，或泡在淺水灘中對抗高溫，在氣溫偏高的時期，則會在傍晚或一早等日光較弱的時段才活動。

亞達伯拉象龜擁有高圓頂狀的光滑龜甲，龜甲和體色呈暗灰色，不具太過顯眼的花紋。足以呼應「象龜」之名，牠們是能長到非常大型的品種，最大甲長據說有123cm。體重也非常沉重，長到成體後就算是大人，也要不只一人才搬得動。此外牠們也以極度長壽著稱，在正式紀錄中甚至有活了152年的案例。

其原棲地亞達伯拉環礁目前受到相當嚴格的保護，甚至連上岸都有所限制。不過在其他引進地區所繁殖出的個體，以及在日本國內培育的個體，還是有在市面上少量流通。考量到體型會變得極大這一點，室內的籠子終究會不敷使用，而必須準備有避冬小屋的庭院空間等等。食性是食植性偏強的雜食性，除了草葉和嫩芽等，也會吃動物屍骸，有時還會食用相同物種的糞便。人為飼養時若未能提供營養均衡的食糧，將會容易引發龜甲扁平等負面影響。

幼體
腹甲
年輕個體
背甲
成體
產自桑吉巴群島
亞成體

成體

南美象龜屬

Chelonoidis

原本包含在象龜屬底下的數個物種之一，後來獨立成了一個新屬。此群體分布於南美洲及其周邊島嶼，屬內包含5個物種，也有人認為之中的加拉巴哥象龜（於P.98解說）還可再分割成13種。除去加拉巴哥象龜，剩下的4個物種分別是紅腿象龜、黃腿象龜、查科象龜，以及剛從查科象龜分割出來的阿根廷象龜（*C. chilensis*）。

紅腿象龜分布於南美洲北部、東北部及中央地區，也有被引進到加勒比海的安地列斯群島及巴貝多群島。龜甲為略細長的圓頂狀，如同其名，特色是前肢鱗片帶有紅斑。另外，頭部的部分鱗片大多也帶有紅色。包括前肢的鱗片，有時也會呈橘色或接近黃色的色澤。人們依棲地將之劃分成約4個族群，尤其位於其棲地北部的類型，擁有偏圓的大型龜甲，成體頭部的紅色並不明顯。位於阿根廷及巴拉圭的族群反倒比較小型，許多個體頭部的紅色都很明顯，面積也較廣。此外背甲及腹甲上經常也長有不規則的白斑。在市面流通之際，這個族群常會冠上「巴西櫻桃紅腿象龜」、「侏儒紅腿象龜」等名稱，但跟實際上位於巴西的族群並不相同。由於這類產自阿根廷和巴拉圭的紅腿象龜，有時會「在巴西」繁殖，所以才有了如此的稱呼。而另一種位於棲息地北部的族群，由於主要都是頭部帶有強烈紅色的個體，有時也會被冠上「櫻桃紅腿」的名稱。這些稱號與其說是分類學上的符碼，不如看成用以表達個體特徵（頭是紅色的、在何處繁殖等）的市場代號，相信會更容易理解。

這兩個類型在幼體之際，背甲上的各塊甲板會呈黃～橘色，邊緣處則帶有鑲邊似的黑色。此黑色面積會隨著成長逐步擴張。紅腿象龜生活在熱帶雨林等潮濕地點，以及濕潤的熱帶大草原，有時也會跟黃腿象龜分布在同一處。

黃腿象龜的姿態極像紅腿象龜，但背甲形狀比紅腿象龜還圓，色澤也帶有黃色。龜如其名，在手腳鱗片及頭部鱗片都帶有黃色。幼體時跟紅腿象龜大異其趣，身形較扁平，且緣甲板附近呈鋸齒狀。顏色方面也很不一樣，除了甲板接縫處外的地方都帶有強烈的黃色，可輕易與紅腿象龜做出區別。黃腿象龜分布在南美洲北部及東部，除去西北沿岸的地區。喜愛的環

幼體

成體，喜好潮濕環境

成體

成體的背甲

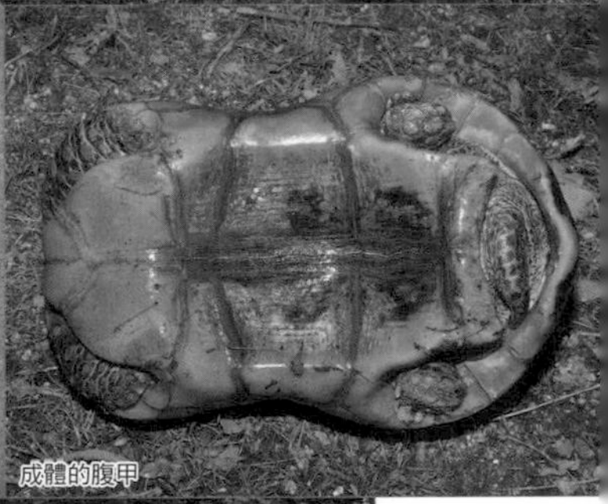

成體的腹甲

幼體

產自委內瑞拉

幼體的腹甲

境跟紅腿象龜很類似，但黃腿象龜更常出現在濕度更高的熱帶雨林地被區域。在飼養時，也比紅腿象龜更需持續維持偏高的濕度（尤其是幼體時期）。黃腿象龜及紅腿象龜的雜食性都很強，雨季時會改變食性，主要靠水果維生。飼養時也必須考慮到這些特性，不要光給葉菜類，兼著提供果實及配方飼料，有時加餵動物性物質，將會長得比較健康。

查科象龜是從玻利維亞東南部途經巴拉圭，一路分布到阿根廷北部的物種，其姿態跟紅腿象龜及黃腿象龜略顯不同。背甲形狀和色調跟另一屬的蘇卡達象龜有些類似，生長紋會像年輪般不斷重疊的這點也很相仿。從查科象龜分出的阿根廷象龜是最大甲長可逾40cm的大型物種，查科象龜的甲長則僅約25cm，是屬內的最小品種。此物種的成體和生活史較不為人所知，牠們棲息在山地的沙漠地帶、乾燥的平原等溫暖少雨之處，生活環境跟紅腿象龜和黃腿象龜天差地別。據說查科象龜會在地面挖出隧道狀的巢穴，用以在乾燥及白天高溫（或夜間低溫）之際保護身體，有時還會跟其他動物一起居住在這個洞穴裡頭。這部分也跟另一亞科的穴龜屬等很是類似。不同於雜食性強的黃腿象龜和紅腿象龜，查科象龜的主食是草木與其花朵、果實等，也很喜愛仙人掌等多肉植物。飼養時喜好通風良好的環境。

紅腿象龜在其原產地、引進地區、分布地區外的他國農場等處都有大規模人工養殖，並有定期性的流通販賣。在市面上流通之際，也經常會冠上產地名或類別稱號。黃腿象龜的流通數量不比紅腿象龜，但在原產國繁殖出的幼體及野生大型個體都有進口到日本。查科象龜在市面上同樣有原產國繁殖的個體流通，但數量很少。阿根廷象龜目前在日本國內並未出現過。

亞成體

老成個體

在日本國內繁殖出的幼體

「櫻桃紅腿」的成體

被稱為「巴貝多」的類型

「巴西櫻桃紅腿」

「櫻桃紅腿」的成體

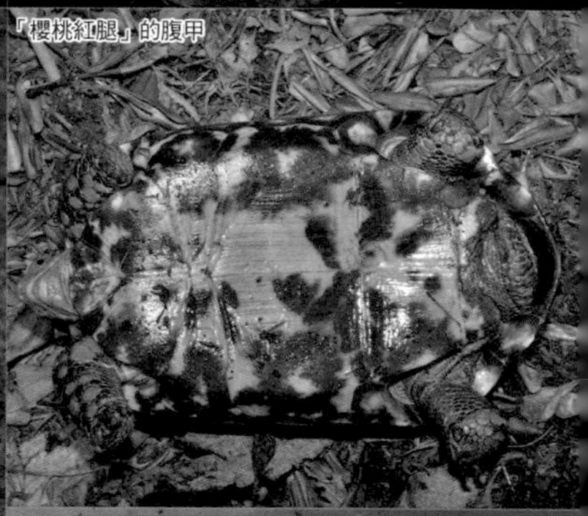

「櫻桃紅腿」的腹甲

剛孵化的幼體與蛋

背甲的比較。
左為「巴貝多」，右為「櫻桃紅腿」

腹甲的比較。
左為「巴貝多」，右為「櫻桃紅腿」

變異個體

黃腿象龜

Chelonoidis denticulata

甲長：40cm 左右

成體

幼體

幼體的背甲

幼體的腹甲

稍微長大後的幼體

年輕個體

雄龜的成體

雄龜的成體（背甲）

雄龜的成體（腹甲）

雄龜的成體（腹甲），中央處凹陷

雌龜的成體

雌龜的成體（背甲）

雌龜的成體（腹甲）

查科象龜

Chelonoidis petersi

甲長：30～35cm

成體

年輕個體，帶有較多黑色的類型

亞成體

年輕個體

Chapter 03

南美象龜屬　查科象龜

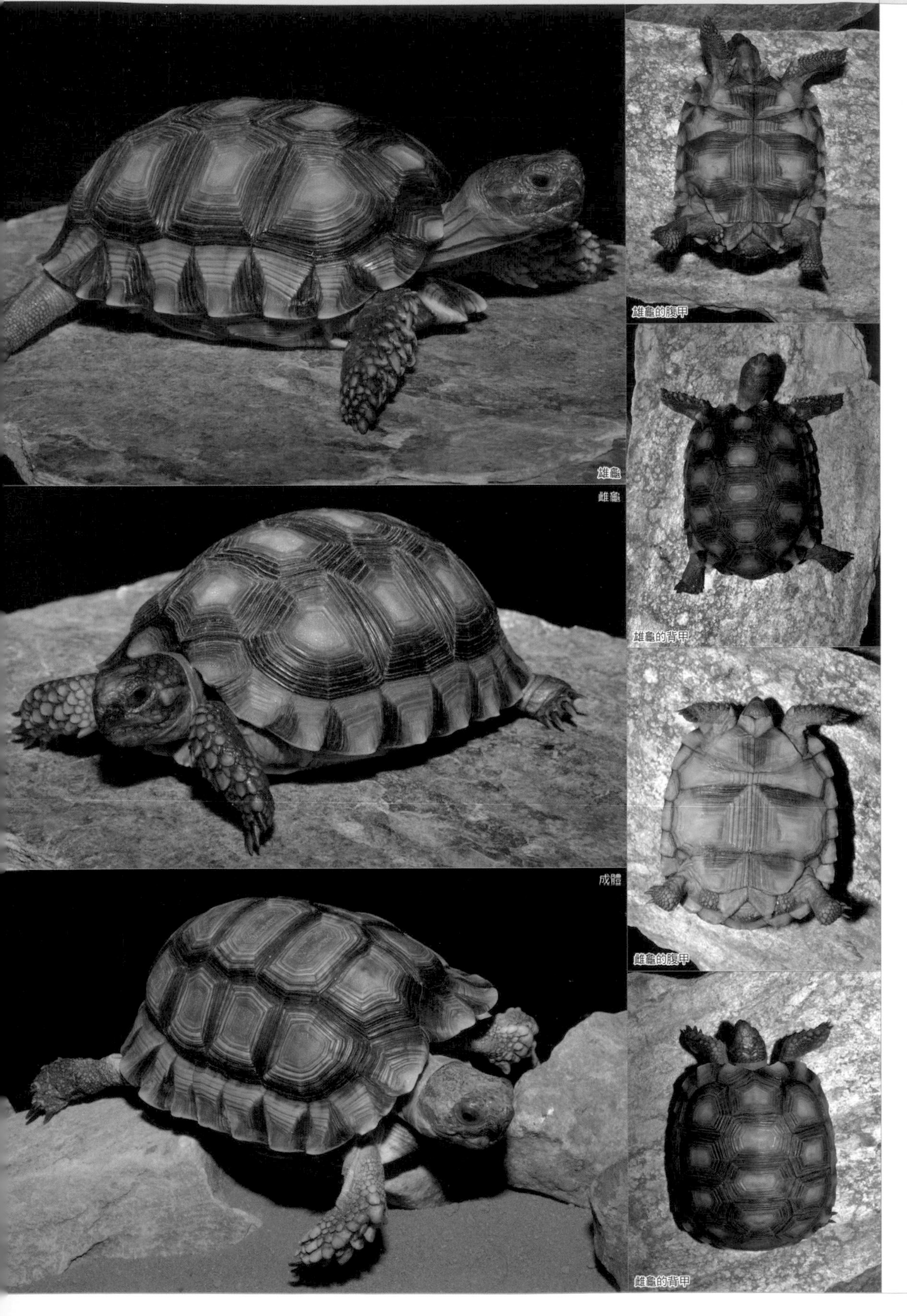
雄龜
雌龜
成體
雄龜的腹甲
雄龜的背甲
雌龜的腹甲
雌龜的背甲

挺胸龜

Chersina angulata

甲長：20～25cm 左右

正在吃東西的樣貌

挺胸龜屬

Chersina

挺胸龜屬是由挺胸龜這個單一物種所組成的小屬，與同科別的豹龜屬、珍龜屬及沙龜屬血緣相近。挺胸龜是非洲大陸南部南非共和國的特有種，分布於該國的西南部到南部地區。

這種陸龜的雌雄差異極大，雄龜的最大甲長會比雌龜多出5cm以上。幼體時的龜甲整體偏圓，感覺上有點像陸龜屬的緣翹陸龜等，但龜甲會隨成長變得細長，高度也會逐漸增加，隆起成圓頂狀。特色是腹甲的喉甲板前方相當凸出，雄龜尤其有稜有角。其日文名稱「雪撬龜」的由來，正是因為此塊凸出的喉甲板，從側面看起來很像「雪撬」所致。英文名稱則叫作「Bowsprit-tortoise」，Bowsprit指的是帆船的船頭部分，同樣是在比喻本物種凸出的喉甲板形狀。

肋甲板和椎甲板呈暗褐色，各甲板邊緣為明亮黃褐色，再往外又有暗褐色粗條鑲邊。每塊緣甲板上都有暗色的三角形圖案。老成後的個體，整個背甲有可能會轉成暗褐色，有時則是各甲板除中央處（出生時便有的原生甲板）以外的地方會轉為黃褐色。

說分布在南非共和國，或許會給人氣候非常炎熱的感受，但該國實際上屬於溫帶，跟熱帶氣候偏多的其他非洲國家並不相同，溫度也會隨冬夏季產生變化，但全年皆比較溫暖。本物種棲息於森林、熱帶大草原、半沙漠地帶等處。在冬季氣溫較低的時期，會躲到落葉下等處避寒，但一整年都會活動，不會冬眠。

市場上的流通數量並不多，約莫是偶爾才有原產國及歐洲繁殖個體流通的程度。日本夏季悶熱，跟本物種的棲息環境並不相同，容易導致健康失衡，因此在溽暑時期，要記得替牠們準備通風良好的環境。

年輕個體

成體（背甲）
成體
成體（腹甲）
成體
成體
成體，白色部分偏多的個體
年輕個體（腹甲）
年輕個體（背甲）

珍龜屬

Hopopus

珍龜屬是一群非常小型的陸龜，甲長約10cm左右。即便是當中最大的物種卡魯珍龜（*H. femoralis*），最大甲長也僅約12cm；至於最小的物種斑點珍龜，雄龜甲長則僅有6～8cm，雌龜也不會超過9cm。珍龜屬是世上最小的一類烏龜，別說整個陸龜科，就算翻遍整個龜鱉目，也找不到這麼小隻的特殊案例。如同其日文名「平背龜」的描述，特徵是背甲的頂端附近相當扁平。這個屬充滿小型物種，共5個物種，僅分布在南非共和國及納米比亞共和國這兩個位於非洲大陸南端的國家。

鷹嘴珍龜分布於南非共和國的南部沿岸，背甲上各甲板的原生甲板處凹陷，其周圍鑲有年輪狀生長紋。雄龜的嘴巴比雌龜大，圓圓的鼻尖很凸出。當雄龜進入發情期，這個圓凸鼻尖就會變成紅色或橙色，是種相當異乎尋常的特徵。雄龜的背甲色澤為橙色～亮褐色，雌龜則為橄欖褐，雄龜背甲上的各塊甲板，經常會有橄欖綠及褐色等環狀鑲邊。在海岸附近的乾燥灌木地可以見到牠們的身影。據說其生長環境在分布地區的東部及西部並不相同。不同於珍龜屬的其他物種，鷹嘴珍龜在棲地內的個體密度似乎很高。

斑點珍龜正如前述，在最小的珍龜屬中是最小的陸龜，也是最小型的龜類。牠們從納米比亞共和國的南端區域，一路分布到南非共和國的西部沿岸地區。斑點珍龜擁有2個亞種，位於分布地區南端附近，開普頓周邊的族群是南部斑點珍龜（*H. signatus cafer*）。背甲色澤為亮褐色至橘色的明顯褐色，整體龜甲散布眾多不規則黑點。跟其他品種不同的地方，在於本品種僅前肢具有5趾（珍龜屬的其他品種則是前肢及後肢皆有5趾）。

納米比亞珍龜在本屬中相當例外，是只分布於納米比亞共和國的特有種，牠們從較久之前便已為人所知，卻直到最近才被記錄下來。背甲是帶橙的褐色，各塊甲板上有時會有黑色細鑲邊。棲息於乾燥的荒地、礫石地及礫質沙漠等。

珍龜屬的流通數量相當稀少，頂多是少數時候會有野生個體或歐洲繁殖個體流通的程度。如果僅從大小來看，牠們或許算是很適合人為飼養的陸龜，然而實際上，由於其愛好的環境較難重現，且飼養時所

斑點珍龜的背甲

斑點珍龜的腹甲　成體

成體

納米比亞珍龜的背甲

納米比亞珍龜的腹甲

能準備的食物，成分也跟牠們在大自然中會吃的植物（多肉植物及高山植物類等）有所不同，因此普通的飼養方式經常窒礙難行。但另一方面，在歐洲等處也存在著定期繁殖斑點珍龜及鷹嘴珍龜的愛好者，因此也無法說牠們絕對不適合飼養。

納米比亞珍龜的成體

有各式各樣的外觀

斑紋較少的個體

色調較淡的個體

成體

鐘紋折背龜
Kinixys belliana
甲長：15～20cm

折背龜屬

Kinixys

折背龜屬在背甲後半部具有關節般的接縫處，在英文中稱為「hinge」。這種陸龜非常特殊，只要動了這個部分，就能移動背甲的後半部。不僅陸龜科，即便放眼整個龜鱉目，也只有折背龜的同類擁有此一特徵。折背龜正是因為「背部可以折合」，才獲得了這個稱號。

折背龜屬是在非洲大陸撒哈拉沙漠以南的特有屬，包含約6個物種。

鐘紋折背龜是分布地區最為廣闊的折背龜，除了非洲西部到東部，以及東部到東南部以外，在被引進至馬達加斯加後，也成功適應了當地。體型細長，背甲後半部稍微偏圓。折背龜雖然有亞種，但有人認為應該將之視為各自獨立的物種，也有人認為應該廢除部分亞種，在分類上尚無定論。以較通用的分法而言，分布於非洲東部，前肢有5趾的族群為指名亞種東部鐘紋折背龜（*K. belliana belliana*）；分布於非洲西部，前肢有4趾的族群則為亞種西部鐘紋折背龜（*K. b. nogueyi*）。這兩個亞種雖可透過不同的外型來辨別，個體變異卻都很大，因而無法準確區分。牠們會在濕度偏高的樹林、草原、灌木林及熱帶大草原等處生活，西部鐘紋折背龜比東部鐘紋折背龜更常出現於低地處。牠們棲居於具雨季及乾季的地點，乾季時的活動會較遲緩。

斑紋折背龜原為鐘紋折背龜的亞種，後來提升成獨立種，分布於非洲大陸南部。其龜甲比鐘紋折背龜扁平，各塊甲板上的年輪狀生長紋相當搶眼。成體雄龜的龜甲經常整個轉為黯淡的黃褐色，各甲板皆具暗色鑲邊，感覺上跟原生甲板附近也呈暗色的年輕個體以及成體雌龜都不太相同。棲息環境在折背龜中偏乾燥，喜愛中等溼度～略乾的草地等。會藏身於岩石裂

背甲　腹甲

「東南部鐘紋折背龜」

西部鐘紋折背龜

西部鐘紋折背龜的背甲

「東南部鐘紋折背龜」

西部鐘紋折背龜

「東南部鐘紋折背龜」的腹甲

西部鐘紋折背龜

「東南部鐘紋折背龜」的背甲

引進至馬達加斯加，被稱為「東南部鐘紋折背龜」的族群

縫或哺乳類所挖的洞穴內，以躲避酷熱或冬季低溫。

疊包折背龜的甲長不超過16cm，是體型最小的折背龜，只分布在南非共和國跟莫三比克最南端相鄰的東北國境附近、被稱作「史瓦濟蘭」的狹窄範圍內。體型小而扁平，外觀說起來比較像是珍龜屬。顏色很突出，各甲板上環繞著明顯偏黃的橙色及黑色年輪狀色塊。某些個體會明顯較紅，據說大多是成熟雄龜。雄龜的體型尤其小，甲長幾乎都在10cm左右。會出現在岩場較多的乾燥草地及灌木地，飼養時不喜高溫潮濕。

鋸齒折背龜是有著枯葉般獨特外觀的折背龜，這種外型在幼體身上尤其顯著。從幾內亞灣沿岸的西非國家，一路分布到中非地區。牠們是體型最大的折背龜，甲長超過30cm，最大據說可達近40cm。牠們也是最喜愛高濕環境的折背龜，生態跟所謂陸龜的概念相距懸殊。棲息於熱帶雨林、濕地、沼澤地帶、靠近河川的河堤等處，有時也會進到淺水域中。夜行性強，飼育期間也可觀察到牠們在夜間活動的模樣。除了植物及果實，還會吃菇類、昆蟲、蝸牛及動物死屍等。

荷葉折背龜的外觀與鋸齒折背龜極度相似，分布地區及棲息環境也幾近重合，但棲居環境似乎比鋸齒折背龜略為開放。體型較鋸齒折背龜小，甲長最多僅約20cm。若從側面觀察背甲，本品種在關節後方的部分會以接近直角的角度急遽下折，鋸齒折背龜則會以較緩的弧度往下彎。成體背甲的椎甲板後半部有如被捏起一般，存在著一個尖凸之處，這點也可用來跟鋸齒折背龜區別。此物種同樣具有強烈雜食性，飼養時比起全部餵食葉菜類，最好還能再加上果實、配方飼料及昆蟲等各類物品。

折背龜屬絕對算不上是陸龜科內的主要群體，但如鐘紋折背龜等數個物種，或許因為棲息數量眾多，在市面上的流通數量並不算少，從春到夏季較為常見。過去由於運送條件較差，許多個體的體況因而變差，曾帶給人較難飼養的印象，如今情況已有大幅改善，只要初期狀態良好，其實並不算是太難養的物種。

以「HYPO※」之名流通的個體

※HYPO（Hypomelanistic）：低黑色素，指個體體內之黑色素較少，體色會比一般個體來得淡。

斑紋折背龜

Kinixys spekii

甲長：30～35cm

壘包折背龜

Kinixys natalensis

甲長：16cm 以下

鋸齒折背龜
Kinixys erosa
甲長：25～30cm
成體
成體的背甲
從側面觀看的模樣
成體
成體的腹甲
幼體
Chapter 03
折背龜屬 鋸齒折背龜

荷葉折背龜

Kinixys homeana

甲長：20cm 左右

年輕個體

成體

幼體

從側面觀看成體

成體的背甲

成體的腹甲

成體

沙龜屬

Psammobates

沙龜屬分布於非洲大陸南部，所有的品種都擁有圓頂狀高龜甲，以及令人聯想到象龜屬星龜的黃色～黃褐色放射狀花紋。屬內包含3個物種，其中幾何沙龜（*Psammobates geometricus*）為華盛頓公約（CITES）附錄一的列管物種，並無商業性流通。其他2個物種也很少被當成寵物販賣，是在市場上不太有機會見到的群體。有人認為牠們跟豹龜屬近緣，但其實體型比起來小了許多，每個物種的甲長都只有12～15cm左右。

在3種沙龜之中，鋸緣沙龜是外型較有特色的物種，緣甲板的鋸齒狀突出相當醒目。尤其後半部的緣甲板會朝外側翹伸，看起來有如鋸齒，因而得名。牠們分布於自波札那延續至南非共和國及納米比亞的喀拉哈里沙漠周邊區域，棲息在乾燥灌木地及半乾燥地區。這些地方的海拔較高，可以看見高山植物。

帳篷沙龜在此屬內擁有最高的龜甲，各甲板多如縫入棉襯般隆起。龜甲花紋清晰且相當醒目。共有3個亞種，亞種北部帳篷沙龜（*P. tentorius verroxii*）及西部帳篷沙龜（*P. t. trimeni*）在左右側各有12片緣甲板，唯獨指名亞種卡魯帳篷沙龜（*P. t. tentorius*）擁有各13片緣甲板。牠們棲息於熱帶大草原和半沙漠地帶等乾燥氣候之中。會在植物根部等處挖洞冬眠。食植性，但主要會吃多肉植物等。餵食這類植物是飼養時的一大關鍵。

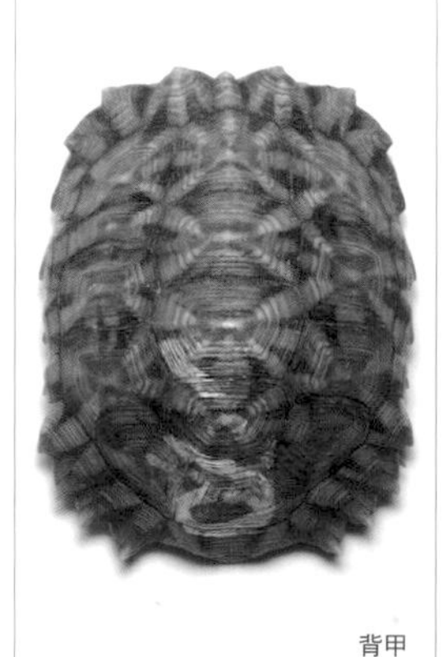
背甲

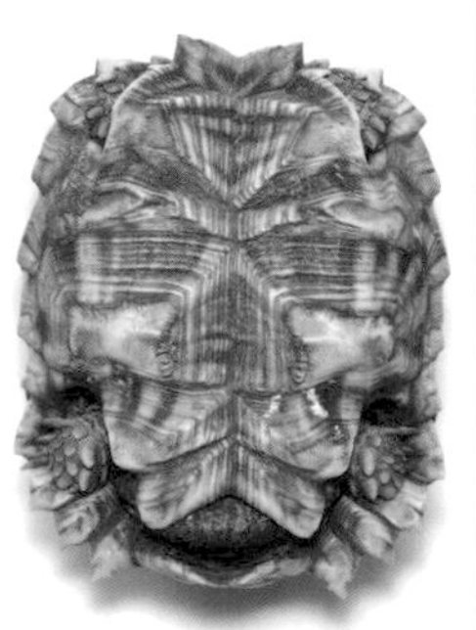
腹甲

雌龜

背甲後緣呈鋸齒形

成體

色調較淡的成體

亞種「北部帳篷沙龜」

北部帳篷沙龜的背甲

北部帳篷沙龜的腹甲

放射狀花紋相當美麗的一種陸龜

北部帳篷沙龜的成體

北部帳篷沙龜

Testudo-group

陸龜屬群

在陸龜亞科之中，陸龜屬群包含了陸龜屬以及與其近緣的四爪陸龜屬、赫曼陸龜屬、印支陸龜屬及扁龜屬等，分類位置跟同亞科的其他各屬稍有距離。

這個群體較早由陸龜亞科的其他屬分支出來，分布於亞洲南部至西部、環地中海的歐洲南部及非洲北部至東部等地。屬和物種數量雖然少於同亞科的象龜屬群，分布範圍卻更為遼闊。

指名亞種摩爾陸龜（*T. g. graeca*）

陸龜屬

Testudo

陸龜屬的屬名*Testuo*源自陸龜科的拉丁名稱Testudinidae，在這層意義上，牠們可說是陸龜科的基礎群體。此屬中極具代表性的希臘陸龜，分布範圍相當廣泛；至於其他物種，則主要分布在地中海沿岸的歐洲國家及北非周邊。陸龜屬目前包括4個物種，也有人認為應再加上被劃分至別屬的四爪陸龜及赫曼陸龜，一共6個物種。屬內的埃及陸龜（於P.100解說）是華盛頓公約（CITE）附錄一的列管物種。在陸龜科底下，陸龜屬是食植性偏強的群體，在飼養過程中請勿提供過多含有大量脂質及蛋白質的配方飼料等，純粹餵食植物，烏龜的外觀會比較漂亮。

在陸龜屬中，以希臘陸龜的分布範圍最為遼闊，從土耳其、喬治亞等環裏海地區，到以色列、黎巴嫩及伊朗等西亞地區、俄羅斯西南部，摩洛哥和阿爾及利亞等環地中海北非地區都有分布。另外，在西班牙、法國東南部、義大利的薩丁尼亞島等處，也有被引進的個體分布其中。與名稱所示不同，希臘陸龜並不是希臘的特有種。此物種由於背部斑點（尤其是指名亞種摩爾陸龜*T. g. graeca*）跟希臘產紡織品的花紋很相似，因而得名，跟該國國名其實並無關聯。其後肢和尾巴根部之間有鈍棘狀突起，可用以跟近緣的緣翹陸龜及赫曼陸龜互作區別。分布範圍極其遼闊，因而有眾多亞種（看法紛沓，有15～17個亞種的看法較受廣泛支持）及地區族群，依研究者不同而有著各式各樣的區分方式。棲息環境也依族群而有差異，從荒地、半沙漠地帶到草原、牧草地等遼闊地點，都可見到牠們的蹤跡。適宜的飼養環境也依族群而異，分布於亞塞拜然和俄羅斯西南部的歐亞陸龜（*T. g. ibera*）等亞種，在大自然中會有度冬行為；但位於利比亞東

摩爾陸龜的背甲　摩爾陸龜的腹甲

希臘陸龜的亞種歐亞陸龜（*T. g. ibera*）。
體型可以長到很大，在日本常以
「伊比利希臘陸龜」、「土耳其希臘陸龜」等名稱流通

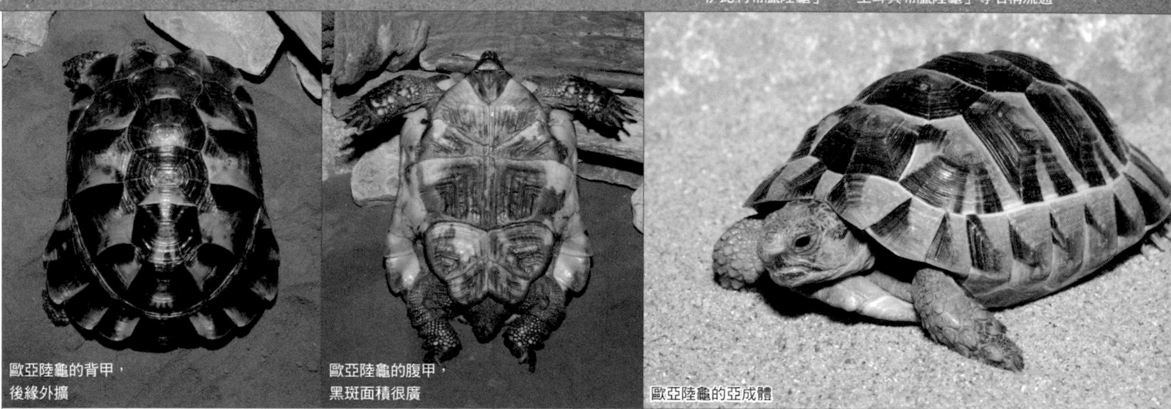

歐亞陸龜的背甲，後緣外擴

歐亞陸龜的腹甲，黑斑面積很廣

歐亞陸龜的亞成體

北部的昔蘭尼加陸龜（*T. g. cyrenaica*）、位於敘利亞至土耳其一帶的黎凡特陸龜（*T. g. terrestris*），以及位於以色列到黎巴嫩一帶的黃金歐洲陸龜（*T. g. floweri*）[1]等各亞種，則棲息於終年高溫乾燥的半沙漠地帶等處，養在日本國內時，這些物種將無力在戶外度冬，必須多多留意。

緣翹陸龜之名源自其拉丁文學名「*marginata*」[2]，又稱「扇尾陸龜」，尤其成體雄龜的緣甲板後半部會呈喇叭狀翹起，為此物種的特徵。顏色呈白～奶油色，在背甲的各塊甲板上具有偏黑的鑲邊。此外，腹甲的各塊甲板上則有黑色三角形圖樣，在幼體時尤其明顯。分布於巴爾幹半島，共有2個亞種，位於半島西南部的小型亞種南部緣翹陸龜（*T. marginata weissingeri*），以及位於其他地區的大型指名亞種希臘緣翹陸龜（*T. m. marginata*）。跟希臘陸龜相比，緣翹陸龜棲居於全年溫差較小的溫暖區域，在多岩的乾燥草原等處經常可見。

陸龜屬是流通數量眾多的一群，尤其希臘陸龜的數個亞種受到了大規模圈養，因而有許多繁殖個體在市面上流通。不過其中也有某些亞種非常少見。緣翹陸龜棲地的野生個體受到保護，但也有可靠設施基於商業流通目的進行繁殖，因此日本會定期進口這類個體。

1. T. g. terrestris 及 T. g. floweri 這兩個亞種在臺灣統稱為黃金歐洲陸龜，特徵是具備金黃色的龜甲。
2.「邊緣具有裝飾」之意。

歐亞陸龜的成體（背甲）
歐亞陸龜的成體（腹甲）
歐亞陸龜的成體
歐亞陸龜的年輕個體
歐亞陸龜的幼體
歐亞陸龜的幼體
歐亞陸龜的幼體（背甲）
歐亞陸龜的幼體（腹甲）

昔蘭尼加陸龜（*T. g. cyrenaica*）
較小型的族群，背部經常長有黑色或褐色斑紋

昔蘭尼加陸龜的背甲

昔蘭尼加陸龜的成體

昔蘭尼加陸龜的腹甲

昔蘭尼加陸龜，
外型很多樣

黎凡特陸龜（*T. g. terrestris*）
許多個體具有明亮色調，較少長有斑紋

黎凡特陸龜

黎凡特陸龜的背甲

黎凡特陸龜

黎凡特陸龜

黎凡特陸龜的背甲

黎凡特陸龜

黎凡特陸龜的腹甲

黎凡特陸龜

黎凡特陸龜，棲居於敘利亞靠伊拉克國境附近的類型

以「黃黎凡特陸龜」之名流通的黎凡特陸龜

以「黃黎凡特陸龜」之名流通的黎凡特陸龜

黃金歐洲陸龜（*T. g. floweri*）

黃金歐洲陸龜的背甲

黃金歐洲陸龜的腹甲

應為黃金歐洲陸龜幼體的個體

安那木爾陸龜（*T. g. anamurensis*），背甲上長有斑紋

安那木爾陸龜的背甲

安那木爾陸龜的腹甲

安那木爾陸龜的幼體

安那木爾陸龜，色調較淡的個體

安那木爾陸龜

安那木爾陸龜

安塔基亞陸龜（*T. g. antakyensis*），背甲後緣大多不會外擴

安塔基亞陸龜

安塔基亞陸龜的腹甲

安塔基亞陸龜的年輕個體

安塔基亞陸龜的背甲

安塔基亞陸龜，
在日本以「黑希臘陸龜」之名流通的類型

此個體應為
以「黑希臘陸龜」之名流通的安塔基亞陸龜

突尼西亞陸龜的背甲

突尼西亞陸龜（*T. g. nabeulensis*），
希臘陸龜的小型亞種，大多長有清晰斑紋

突尼西亞陸龜的腹甲

突尼西亞陸龜

突尼西亞陸龜

札格羅斯陸龜（*T. g. perses*），眾多個體都偏黑的亞種

札格羅斯陸龜的背甲

札格羅斯陸龜的腹甲

札格羅斯陸龜的雌龜，產自伊朗北部

札格羅斯陸龜的雌龜（腹甲），產自伊朗北部

陸龜屬 希臘陸龜

蘇斯谷陸龜（*T. g. soussensis*）。
在日本有時會以「摩洛哥陸龜」的名稱流通

蘇斯谷陸龜

蘇斯谷陸龜的腹甲

蘇斯谷陸龜

「伊朗希臘陸龜」的背甲
「伊朗希臘陸龜」的腹甲
在日本以「伊朗希臘陸龜」之名流通的類型
在日本以「哈薩克希臘陸龜」之名流通的類型
「哈薩克希臘陸龜」
「哈薩克希臘陸龜」的背甲
「哈薩克希臘陸龜」的腹甲

產自敘利亞的希臘陸龜

產自敘利亞的希臘陸龜

產自敘利亞的希臘陸龜之背甲

產自敘利亞的希臘陸龜之腹甲

產自西亞的希臘陸龜

產自西亞的希臘陸龜之腹甲

亞種不明的希臘陸龜

也常會單以「希臘陸龜」的名稱流通

亞種不明的希臘陸龜

緣翹陸龜

Testudo marginata

甲長：30～35cm

指名亞種希臘緣翹陸龜（*T. m. marginata*），常簡稱「希臘緣翹」

希臘緣翹陸龜的背甲

希臘緣翹陸龜的腹甲

希臘緣翹陸龜的幼體

希臘緣翹陸龜的年輕個體

希臘緣翹陸龜的亞成體

亞種南部緣翹陸龜（*T. m. weissingeri*），
跟指名亞種比起來體型較小，背甲後緣部分只有些微翹起

南部緣翹陸龜的腹甲

南部緣翹陸龜

南部緣翹陸龜的背甲

體色變異的南部緣翹陸龜

指名亞種西部赫曼陸龜（*E. h. hermanni*）

赫曼陸龜屬

Eurotestudo

赫曼陸龜屬只由赫曼陸龜這個單一物種所組成，也有研究者認為並不需要從陸龜屬分割出來。實際上，赫曼陸龜的外觀等處也都跟陸龜屬很相近，看得出是有親緣關係的同伴。主要分布於歐洲中部至東部區域，範圍遼闊，稱得上是歐洲的代表性陸龜。

赫曼陸龜擁有圓頂狀龜甲，雄龜的尾部尖端具鑰匙狀突起，這點可用以跟類似物種希臘陸龜區別。背甲為黃褐～奶油色，具暗色斑，斑塊會隨成長越趨明顯。

牠們棲居於具有明確冬季的區域，在日本國內就算一整年都養在戶外，也有辦法過冬。其體質也很強健，在這層意義上，可說是最接近入門飼養品種的陸龜。不過，其原棲地雖說有四季之分，年溫差卻比日本還小，也沒有像日本梅雨季般多雨的時期，因此若碰到類似的期間，便必須隨機應變，例如帶至屋內等。另外，在日本東北至北海道等冬季極度寒冷的地區，以及與之相反，如沖繩縣等終年溫暖的地區等，飼養在不同區域，都必須有相對應的處置。在大自然裡，赫曼陸龜會棲居於乾燥草原、牧草地帶、開闊的常綠樹林、農耕地及灌木地帶等處。在夏季炎熱時期，牠們會避開較為曝曬的白天，改在傍晚或一早活動。具強烈草食性，但也會食用陸棲貝類或動物骨骼等。飼養時不需刻意餵食動物性物質，但若能提供貝殼或烏賊軟骨等物品來補充鈣質，則會有不錯的效果。

赫曼陸龜具有3個亞種，指名亞種西部赫曼陸龜（*E. hermanni hermanni*）是小型亞種，最大甲長僅約19cm。背甲上的黃色調偏強；腹甲上的斑紋彼此連結，整體看來彷彿是有底色的線條穿過暗色腹甲的中央部分。西部赫曼陸龜如同其名，可以在有赫曼陸龜分布的西部地區找到，從西班牙東部到法國南部、義大利西北部等處都有牠們的蹤跡。亞種東部赫曼陸龜（*E. h. boettgeri*）體型較大，最大甲長可達35cm。此亞種的腹甲斑紋並未彼此連結，特徵是經常呈暗色斑點狀（也可能有部分連結）。另一亞種達爾瑪西亞陸龜（*E. h. hercegovinensis*）的體型比西部赫曼陸龜還小，特徵是不具其他亞種會有的鼠蹊甲板部分。

在棲地之中，幾乎所有赫曼陸龜的野生個體都

受到保護，但也有以商業流通為目的的設施在進行繁殖。目前市面上流通的繁殖個體幾乎占了100%，不需仰賴野生個體的採集，在業界稱得上是自給自足的品種。其流通數量眾多，某些繁殖者除了亞種，還對產地有所堅持，他們確立各種血統，甚至會冠上產地名稱來販賣。與之相反，某些設施在繁殖時則只在意品種，不會明確區分亞種。在日本國內也有成功繁殖，甚至還有在象龜屬中相當罕見的個體進入市場流通。

亞種東部赫曼陸龜（*E. h. boettgeri*）幼體

東部赫曼陸龜的幼體（背甲）

東部赫曼陸龜的幼體（腹甲）

東部赫曼陸龜稍微長大後的幼體

東部赫曼陸龜稍微長大後的幼體

東部赫曼陸龜的亞成體

東部赫曼陸龜的亞成體（腹甲）

東部赫曼陸龜，具有黑色頭部的個體

東部赫曼陸龜的成體（雄龜）

產卵情景。此品種在日本國內也有眾多繁殖案例

以「Hypomelanistic」（低黑色素）之名流通，色調較淡的東部赫曼陸龜個體

以「白赫曼」之名流通的偏白個體

被冠上「黃色」稱號的東部赫曼陸龜

赫曼陸龜「nanus」※

赫曼陸龜「nanus」

赫曼陸龜「nanus」的背甲

赫曼陸龜「nanus」的腹甲

※ 拉丁文，意為「小」。

指名亞種阿富汗四爪陸龜（*A. h. horsfieldii*）

四爪陸龜屬

Agrionemys

四爪陸龜屬曾經包含在陸龜屬底下，現今大多認為應是獨立的一屬，只由四爪陸龜這一個物種所組成。日本一般使用其學名的種小名（*horsfieldii*），稱之為「赫斯菲德陸龜」。

四爪陸龜分布於中亞至南亞、中國西部等處。其棲地的部分國家過去隸屬於蘇聯，因此曾被稱作「俄羅斯陸龜」（並未分布於現今的俄羅斯聯邦境內）。棲居於乾燥地帶至高地，在乾草原、荒地、岩石構成的沙漠、農地等處皆可見。

本物種的名稱源自於其4爪（趾）前肢。此4爪相當發達，前肢特化成鍬狀，可以用來挖洞。四爪陸龜能挖出很深的洞，甚至有過深達1m、長近3m的案例。牠們會待在洞穴中抵禦寒暑，某些族群甚至接近一整年都會在巢穴裡度過。另一亞科的穴龜屬也有此種習性，兩者在外型上也略有相似之處。比起陸龜屬和赫曼陸龜屬，四爪陸龜的龜甲較扁平且相當圓，整體形狀有如菠蘿麵包。背甲呈黃褐色～亮褐色，具有不規則的暗色斑紋。這種斑紋的個體差異極大，在幼體時尤為顯著。有的個體色澤明亮，幾乎不帶斑紋；也有個體覆滿斑紋，看起來幾近黑褐色，型態相當多樣。成體的個體差異不會再如幼體時明顯，但花色仍會留有某種程度的差別。幼體時比成體扁平，龜甲表面刻有細紋。

四爪陸龜有數個亞種，但除了指名亞種阿富汗四爪陸龜（*A. horsfieldii horsfieldii*）以外的其他亞種，跟亞種哈薩克四爪陸龜（*A. h. kazachstanica*）之間的區別之處皆不明確，因此也有人選擇不區分亞種。

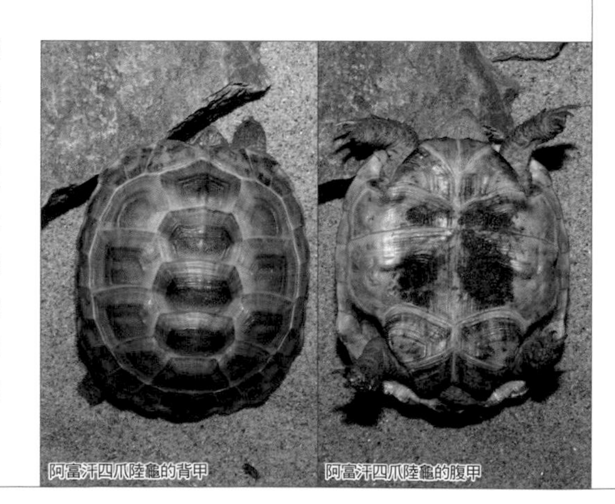

阿富汗四爪陸龜的背甲　阿富汗四爪陸龜的腹甲

阿富汗四爪陸龜的幼體

阿富汗四爪陸龜的幼體（背甲）

阿富汗四爪陸龜的幼體（腹甲）

阿富汗四爪陸龜的成體

阿富汗四爪陸龜的成體（背甲）

阿富汗四爪陸龜的成體（腹甲）

在各個亞種之中，阿富汗四爪陸龜的龜甲較高，背甲上幾乎沒有暗色斑塊，色澤因而較顯明亮。

四爪陸龜是有著高流通量的品種，目前雖已大不如前，但若某時期的需求增加，就會有大量進口。在過去飼養無方的時代，四爪陸龜相對於其流通數量及價格，可說是較難飼養的品種。如今隨著運送及照養技術改善，飼養已經變得簡單許多。但還是必須多多留意高濕度所帶來的低溫。雖然也會因地而異，但在日本國內的大多地區，都可以讓四爪陸龜在野外放養和過冬。但幼體和剛進口不久的個體則必須悉心照料，冬季飼養時最好使用加溫設備。市面上流通的主要是野生個體，或者採集龜卵後在設施內孵化的個體，有時也會看到在歐洲及日本國內繁殖出的個體，但數量不多。本物種的流通個體大多是哈薩克四爪陸龜，現今幾乎完全不會碰到阿富汗四爪陸龜。至於其他亞種，則未有確切的流通案例。

亞種哈薩克四爪陸龜（*A. h. kazachstanica*）

哈薩克四爪陸龜的腹甲

哈薩克四爪陸龜的幼體，
褐色的個體

哈薩克四爪陸龜的幼體，
斑紋較淡的個體

哈薩克四爪陸龜的幼體

哈薩克四爪陸龜的幼體，
深褐色的個體

哈薩克四爪陸龜稍微長大後的幼體

哈薩克四爪陸龜的幼體，色澤明亮，
具有淡斑的個體

哈薩克四爪陸龜的幼體，
色澤明亮，帶有模糊斑紋的個體

哈薩克四爪陸龜的幼體（背甲）

哈薩克四爪陸龜的幼體（腹甲）

哈薩克四爪陸龜稍微長大後的幼體，
黑斑較少的個體

哈薩克四爪陸龜的亞成體

哈薩克四爪陸龜的亞成體，色澤較淡的個體

哈薩克四爪陸龜的成體

哈薩克四爪陸龜的成體（背甲）

哈薩克四爪陸龜的成體（腹甲）

哈薩克四爪陸龜的成體，龜甲較高的個體

哈薩克四爪陸龜的成體，背甲後緣稍微開展的個體

哈薩克四爪陸龜的成體，明顯偏黃的個體

哈薩克四爪陸龜的成體

哈薩克四爪陸龜的成體

哈薩克四爪陸龜的成體，老成個體

哈薩克四爪陸龜的成體，老成個體

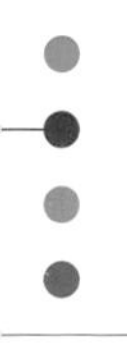

印支陸龜屬

Indotestudo

印支陸龜屬曾經包含在過去的象龜屬中，但就目前的象龜屬而言，這群陸龜的親緣關係卻較其他來歷類似的物種來得遠，因而被納入了陸龜屬的群體之內。此屬包含了分布於南亞次大陸至中南半島、印尼等地的3個物種。每個物種在幼體時的龜甲都很接近圓形，成長後則會轉為細長的圓頂型龜甲。成體的全臉都會變白，另一個共同特徵則是在進入繁殖期後，眼鼻周遭會變成粉紅色。這種狀態可能會被誤認成感冒等，其實在健康方面並無大礙。

在印支陸龜屬下的3個物種，以黃頭陸龜的分布範圍最廣，從印度東北部到東南亞一帶都能發現牠們的蹤跡。此物種的種小名「*elongata*」意為「細長」，如同其名，黃頭陸龜的成體擁有細長背甲，大多是黃褐色，有時也會帶有褐色或橙色。頗具個體差異，可能長有黑褐色斑紋，也可能沒有斑紋，反過來顯得明亮許多。棲息於略為乾燥的丘陵地、樹林、草原及竹林等處。黃頭陸龜不喜強光和極度乾燥的環境，在飼養時必須注意。特別在幼體時，必須將牠們放入寬闊的水盆等處浸泡身體。食性是雜食性，除了草葉和果實，也經常食用昆蟲類或動物死屍、蝸牛等動物性物質。成體雄龜性情兇猛，會出現互咬的情形，必須多加留意。

西里貝斯陸龜是印尼蘇拉威西島（舊稱西里貝斯島）北部的特有種，在整個陸龜科之中，唯有本物種分布在包含蘇拉威西島在內的瓦拉西亞（Wallacea），也就是印尼的島嶼地區。牠們過去曾被認定成引進至蘇拉威西島的印度陸龜，目前則已辨明屬於另一物種。龜甲形狀扁平偏圓（在幼體時尤其顯著），成體跟其他物種一樣，龜甲會變得稍微細

成體，黑色部分極為顯眼的個體

色彩和斑紋的類型眾多
成體，整體偏褐色的個體
成體，幾乎無斑紋的個體
成體
無斑紋偏褐色的個體
底色是橙色的個體

長。背甲的色彩從黃土色到亮褐色、灰褐色等皆有，各甲板上長有大片黑斑。喜愛常綠樹林，棲息於山地傾斜地區和丘陵地。牠們會藏身在落葉下方或岩石縫隙，下雨過後會積極活動。飼養時最好也要先幫籠子噴噴水霧，再進行餵食等活動。

印度陸龜是印度西南部的特有種。幼體時具有發達的鋸齒狀緣甲板，相當醒目，但會隨著成長變平滑。幼體時背甲呈奶油色或亮褐色，覆有不清晰的暗斑，斑紋會隨成長越顯清晰。繁殖期眼鼻附近的粉紅色較其他品種明顯，尤其雄龜，會變得有如上了薄薄的妝。牠們跟西里貝斯陸龜一樣棲息於常綠闊葉樹林中，在多岩山地的斜坡等處都能見到。

黃頭陸龜的流通數量在某些年份會很零星，但算是較能定期看見。不過其大型野生個體似乎正在連年減少，到了最近，就連繁殖個體也已不太常見，日本國內也鮮有繁殖案例。西里貝斯陸龜過去會從印尼整批進口到日本，但近年來數量及進口機會皆已大幅降低。此品種同樣從幼體到成體都有流通。至於印度陸龜，由於其棲地印度對爬蟲類的出口訂有嚴格限制，現在幾乎沒有流通案例。

Chapter 03

產自越南
產自越南，背甲
產自越南，腹甲
產自馬來西亞
產自緬甸
偏白的年輕個體
亞成體
斑紋較少的年輕個體
幼體
成體
以「Hypomelanistic」(低黑色素）之名流通的個體
以「Hypomelanistic」(低黑色素）之名流通的個體

西里貝斯陸龜

Indotestudo forstenii

甲長：22～27cm

西里貝斯陸龜的成體（背甲）

西里貝斯陸龜的成體（腹甲）

西里貝斯陸龜的成體

西里貝斯陸龜的成體

西里貝斯陸龜成長到某一程度的幼體

西里貝斯陸龜的年輕個體

印度陸龜

Indotestudo travancoria

甲長：30～35cm

印度陸龜的腹甲

扁龜屬

Malacochersus

扁龜屬是形狀非常獨特的烏龜，只由餅乾龜這一個物種所構成。雖然外觀容易讓人覺得在分類上會有較特殊的位置，實際上跟陸龜屬相當近緣。扁龜屬分布於非洲大陸東部。

餅乾龜這個名稱的由來，是因為牠們擁有極其扁平的橢圓形龜甲，而且具備其他陸龜所沒有的獨特鬆軟觸感，令人聯想到鬆餅。實際摸摸看就會知道，餅乾龜的龜甲表面雖是硬質，按壓起來卻有彈性，彷彿煎好後放了一段時間的鬆餅那般。這種特殊的龜甲與其生態有關連，餅乾龜會藏身在岩石間的縫隙裡頭，因此演化出了容易鑽入其中的身形。為了能在逃進縫隙後膨脹身體，避免被外敵拉出去，因而有了具彈性的龜甲。

每隻個體的背甲花紋都具有極大差距，在暗褐色～黃褐色、亮褐色等底色之上，長著放射狀的花紋。某些個體的明暗色調則全然相反，在奶油色或黃褐色的底色之上，長著放射狀的暗色細紋。幼體期間的龜甲接近圓形，背甲的花紋也較成體簡單。餅乾龜是會一次產出少量大型卵的烏龜，每次僅會產下1～2顆卵。

餅乾龜棲息於熱帶大草原、乾燥灌木地帶、開放的矮木林等處，受外敵襲擊時會如前述般逃入岩石縫隙。有時會跟數隻個體共用藏身處。具有在早晨及傍晚活動的曙暮性，日光強烈的白天會待在藏身處睡覺。飼養時若能幫忙以岩石搭組出遮蔽處等，就能觀

剛孵化沒多久的幼體

偏黑的個體

長有放射花紋的個體

流通名稱被冠上「黑」，明顯偏黑的個體

花紋很美麗的個體

亞成體

察到牠們鑽入縫隙中放鬆的模樣。另外，牠們也喜歡將身體泡在水中，飼養時若能準備淺而寬闊的水盆，相信效果會很好。

餅乾龜從原產國尚比亞的進口相較穩定，但也會有不太穩定的年份。此外從非原產地的坦尚尼亞，也會輸出由繁殖設施培育出的個體，日本同樣有進口。日本國內也有繁殖案例，某些繁殖者會販賣自行培育的個體。

扁龜屬 餅乾龜

Xerobatinae

穴龜亞科

在陸龜科的2個亞科之中，穴龜亞科算是少數派，只由穴龜屬及凹甲陸龜屬等2屬6種所組成。牠們是陸龜科中相當原始的一群，特色是有略扁平的圓頂型龜甲，以及發達的前肢等。

穴龜屬分布於北美到中美的乾燥地區，凹甲陸龜屬主要則分布在東南亞的濕潤地區，雖然屬於同一亞科，不同屬的生活環境還是會有巨大差異。

年輕個體

穴龜屬

Gopherus

穴龜屬是分布在美國到墨西哥乾燥地區的陸龜，為了抵禦乾燥氣候及外敵，會用發達的前肢挖掘隧道狀的巢穴，或利用其他動物所挖的巢穴來保護自己。穴龜的稱號（屬名「*Gopherus*」），源自於哺乳類囊鼠的英文名稱「Pocket-gopher」，這種動物會挖洞穴來運用。穴龜屬共記錄了4個物種，其中墨西哥穴龜（*Gopherus flavomarginatus*）是CITES附錄一的列管物種。穴龜屬是北美大陸上唯一的陸龜科動物。

在此屬之中，已知佛州穴龜可挖出最深的洞穴，其隧道狀巢穴平均長度3～4m，較長者可達6m，深度也能超過2m。牠們擁有稍帶稜角的圓頂狀細長龜甲，背甲顏色為亮褐色～黃褐色，會隨著成長稍微轉黑。棲息於砂質草原等處，在散布著矮木的地方可以發現牠們的蹤跡。在夏季炎熱時期或冬季時，都會躲在巢穴裡頭休眠。已知成熟雄龜會從臭腺散發出氣味，引誘雌龜交尾。

德州穴龜是小型的穴龜，最大甲長約28cm。雖然穴龜屬都很擅長挖隧道，但德州穴龜卻不會挖太深的隧道，長一點的頂多僅約40cm。德州穴龜不挖隧道，取而代之的是經常會挖掘草叢或灌木下方的低窪處，作為睡覺的地點。其背甲呈圓頂狀，但背面是扁平的。背甲各甲板的中央處色澤明亮，其他部分則是黑色～深黑褐色。棲息於乾燥林地和灌木地帶，會吃草和團扇仙人掌。

由於穴龜在其棲地受到保護，各品種的流通數量都相當少。偶爾也會有在歐洲繁殖出的幼體進口日本，但既非定期，機會也不多。德州穴龜雖會從墨西哥進口野生個體，同樣不常看見。在飼養穴龜的過程

背甲 腹甲

稍微長大後的幼體

成體

中，很難重現其挖洞的習性。不讓穴龜挖洞也養得起來，但某些個體可能會積生壓力，因此要記得替牠們準備替代性的藏身設施。盡可能鋪上厚厚一層混合沙子及黑土的底材，並須使空氣維持低溼度。餵食方面會吃葉菜類，但若能餵外面有賣的食用團扇仙人掌，牠們將會相當開心。

德州穴龜
Gopherus berlandieri
甲長：約 50 ～ 60cm
Chapter 03
穴龜屬　德州穴龜
成體

年輕個體

背甲

腹甲

稍微長大後的幼體（背甲）

稍微長大後的幼體（腹甲）

指名亞種棕靴腳陸龜（*M. e. emys*）

凹甲陸龜屬

Manouria

凹甲陸龜屬分布於東南亞，是只由2個物種構成的小群體，不同於同一亞科的穴龜屬，牠們是棲息於潮濕環境中的陸龜。其體型跟穴龜屬有部分類似，呈圓頂型、背面彷彿被壓扁般的龜甲形狀，以及發達的前肢等處都很相像。靴腳陸龜有「六足陸龜」的稱號，由於其後肢根部和尾巴之間有棘狀鱗片群生，看起來就像長在後肢後方的第3對腳，因而稱為「六足」。

靴腳陸龜是最大甲長可達60cm的大型陸龜，由於背部比同屬的另一物種麒麟陸龜還要圓，因此在日語中又稱「圓背凹甲陸龜」。共有2個亞種，分別是分布於印尼（蘇門答臘島和婆羅洲島）、馬來西亞、泰國西南部的指名亞種棕靴腳陸龜（*M. emys emys*），以及分布於泰國中部以北至緬甸、孟加拉、印度東北部的黑靴腳陸龜（*M. e. phayrei*）。棕靴腳陸龜的背甲呈褐色～暗褐色，有時也會碰到黃褐色的個體。基於這個緣故，在日本有時會以「黃靴腳」的名稱流通。黑靴腳陸龜的體色較暗，背甲顏色是黑褐色～暗灰色。黑靴腳陸龜的左右側胸甲板彼此連接，與之相對，棕靴腳陸龜的胸甲板則是左右分離，這一點也可用來區分。在幼體時，兩者的緣甲板後半部皆比成體時更接近鋸齒狀，顏色通常也比成體更為明亮。靴腳陸龜棲息於熱帶雨林中靠近水源的地方，也會進入較淺的水域。飼養時須注意不可過度乾燥。食性是食植性為主的雜食性，也會食用昆蟲及動物死屍等。在飼養的過程中，也要記得在食物中混合動物性物質。

麒麟陸龜也被稱為「凹甲陸龜」，甲長僅約30 cm，在屬中算是小型物種。種小名「*impressa*」意為「刻有印記」，用以形容本物種的背甲各甲板會朝中央處凹陷，使年輪狀生長紋極其醒目的模樣。麒麟陸龜的龜甲有稜有角，緣甲板呈鋸齒狀，後半部會翹起。背甲為黃褐色，甲板接縫處附近則為暗褐色。其色澤很像玳瑁（以海龜科龜甲製成的工藝品），因而在日本也有此種別名。頭部很大，呈黃色～黃褐色，或偏白的褐色等。棲息於海拔稍高的山地，在竹林及山地傾斜處可以見到牠們的蹤跡。在下雨過後會積極活動，乾季期間則會將身體埋入落葉裡休眠。牠們以特殊的食性著稱，在大自然中有專吃香菇及竹筍的紀錄。飼養時通常也不太喜歡葉菜類，而會食用杏

棕靴腳陸龜的背甲

棕靴腳陸龜的腹甲

稍微長大後的幼體

棕靴腳陸龜的腹甲

棕靴腳陸龜的成體

鮑菇、鴻喜菇、金針菇等菇類，以及竹筍的筍尖等。不耐高溫及乾燥，生性也很膽小，是種較難飼養的陸龜。

在日本，靴腳陸龜偶爾會有指名亞種棕靴腳陸龜自馬來西亞等原產國進口。牠們在印尼的數量已有減少，因此流通數量不比從前。亞種黑靴腳陸龜的流通數量比指名亞種還少，幾乎難以碰見。麒麟陸龜的流通情形也不多，但最近越南有批准少量出口，因此在市場上看見的機會比以前多。即便如此，牠們仍舊不算隨時都可取得的品種。凹甲陸龜屬的陸龜們，概括而言在幼體時會比成體更需要高溫，準備能夠浸泡身體的水盆等容器，將是飼養時相當重要的一環。

靴腳陸龜的亞種黑靴腳陸龜（*M. e. phayrei*）

黑靴腳陸龜的背甲

黑靴腳陸龜的腹甲

「六足」稱號源自於其後肢及尾巴間的突起

黑靴腳陸龜的成體

日本國內繁殖出的黑靴腳陸龜幼體

黑靴腳陸龜的幼體

黑靴腳陸龜的幼體（腹甲）

麒麟陸龜

Manouria impressa

甲長：25cm 左右

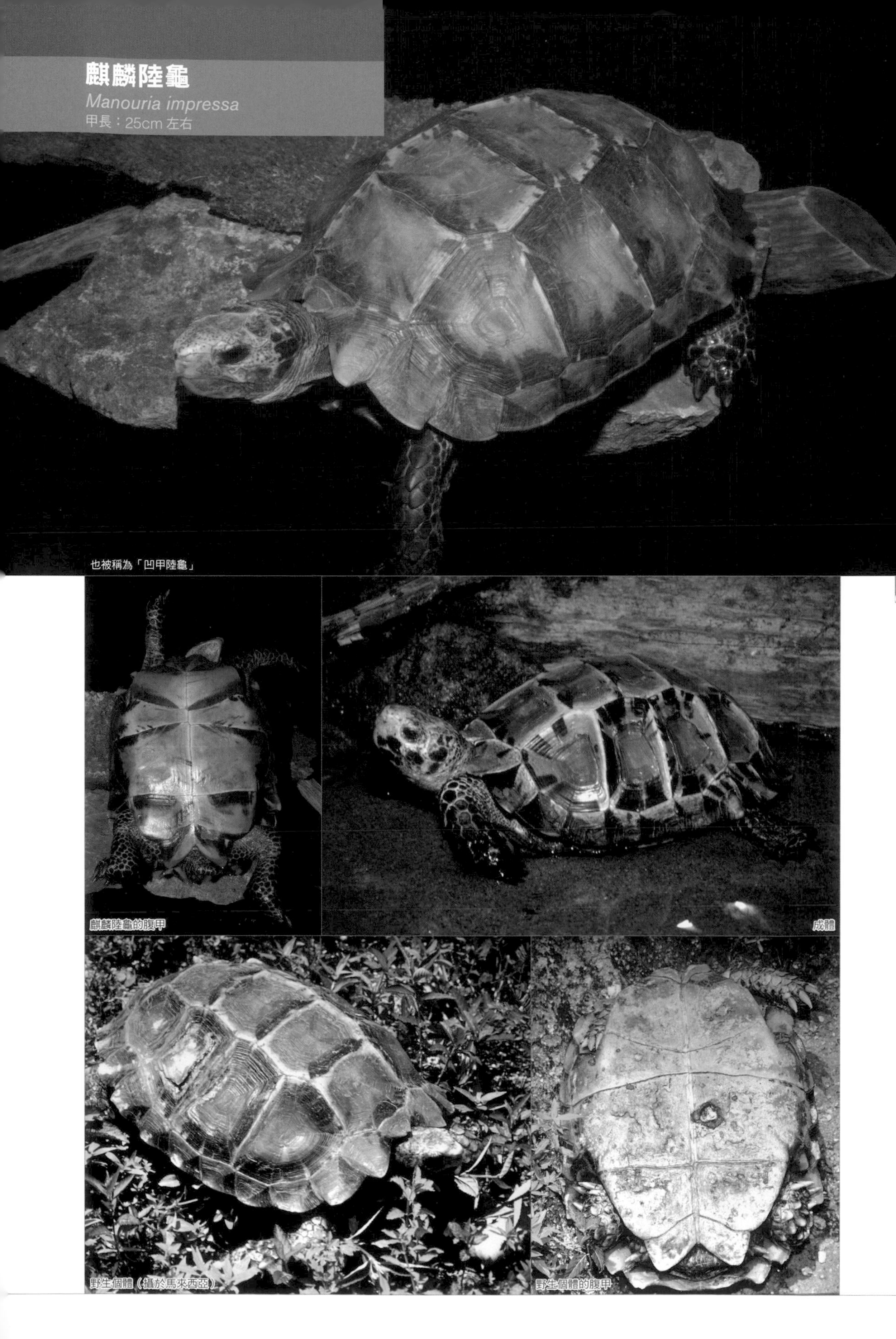
也被稱為「凹甲陸龜」

麒麟陸龜的腹甲

成體

野生個體（攝於馬來西亞）

野生個體的腹甲

陸龜與華盛頓公約

本書所提及的所有陸龜科烏龜，皆是CITES附錄二的列管物種（排除了CITES附錄一的物種）。

現在就來告訴各位關於華盛頓公約的相關知識。

●何謂 CITES？

即《瀕臨絕種野生動植物國際貿易公約》，也稱為華盛頓公約。

其目的在於促使出口及進口國家互助，對列管生物的國際貿易設限，以圖保護有絕種之虞的物種不受存續威脅。依照罕見及危急程度，共分成CITES附錄一、附錄二、附錄三等3個類別，分別設有不同限制。

● CITES 各類別的差異

CITES的3類附錄，所代表的意涵及限制內容各有不同。

首先附錄三的規定，假如某物種雖無全球滅絕之虞，但在各會員國內必須列為保育生物，即可要求其他國家協助禁止商業性質的國際貿易。CITES附錄三所列管的物種，一定會在最後標記該國名稱。其限制內容基本上跟CITES附錄二相同，在出口某物種時，必須取得出口國的認可（若在日本，還須取得日本方的進口許可證明）。不過附錄三的限制，只適用於該國的出口行為，若是在該國以外的其他國家出口，並不需特別辦理出口許可等手續。

附錄二的物種清單，意在保護未必有滅絕之虞，但需要藉由事先管制，以防止未來產生滅絕危機的物種。這類物種的國際貿易，必須取得出口國的出口許可證明（若在日本，還須取得日本方的進口許可證明）。跟附錄三不同的地方在於，不論從哪個國家出口，都必須要有出口許可。

CITES附錄二和附錄三這2個類別，並未對飼養直接設限。新聞媒體有時會有錯誤報導，其實CITES附錄二的物種並不是「華盛頓公約規定禁止進口」，而是「華盛頓公約規定進口須有許可」。走私行為所構成犯罪的部分，其實在於未辦理進口許可之必要手續，就將CITES附錄二的物種攜入國內，然而媒體在報導之際，卻經常將這類物種說成禁止飼養，這是極大的謬誤。走私不用說當然是違法行為，但這類物種的飼養並未受到禁止或限制，媒體的該種說明方式，已經超越了單純的表現方式有誤。媒體相關人士應該要學習CITES各類別的正確意涵，而非專注於駭人聽聞的描述。

另外如同前述，CITES附錄二是要「透過事前管制防止滅絕危機」，因此如果認定這些物種就等同於稀有物種，想法同樣不夠周全。雖然不全然如此，但在CITES附錄二中列管的許多生物，常是普通物種或棲息數量眾多的物種，許多時候甚至是基於這些性質，導致遭受商業性濫捕的可能性極高，才被列入清單。

另一方面，附錄一的物種，基本上全面禁止商業性國際貿易。在日本有呼應華盛頓公約的《瀕臨絕種野生動植物相關法律》（野生動植物保護法），原則上禁止販賣及讓渡CITES附錄一的列管物種。違反此法者，將以觸犯野生動植物保護法的名義遭到處罰。

● CITES 附錄一的例外

但若是在締結公約以前，或在附錄一公告前所進口的個體及其後代（需有證明）等，只要透過申請，就會發行例外性的飼養許可登記證，在隨附該登記證的條件下，也可進行販賣及讓渡。如緬甸星龜等數個物種，有時會隨附申請取得的許可登記證進行販賣。另外雖然案例相當少，若是由CITES辦事處正式認可的繁殖設施在商業目的下繁殖出的個體，日本有可能會破例給予進口許可。這類個體同樣也會發放飼養許可登記證，在隨附登記證的條件之下，同樣可以讓渡或買賣。近來就有這類設施正式進口輻射龜，在政府發放許可登記證後，得以在日本國內流通。不過這種例子非常罕見，許多時候就算出口國方發放了出口許可，日本政府也不太會發行許可證允許進口。雖有出口許可，卻無法進口至日本，因此在大多數狀況下，CITES附錄一的動物就算在海外成功繁殖，也無法抵達日本。

經過上述說明即可明白，只要在買賣時附有登記證，即便是CITE附錄一中的列管物種，也絕對不會違法。不過法律尚有規定，在讓渡和販賣之際，必須將動物「跟許可登記證一起轉手」。動物和許可證都絕對不能分開讓渡及販賣，這點請多多注意。

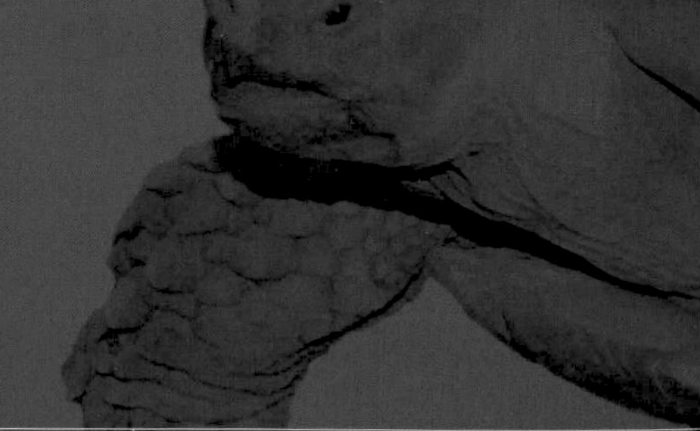

Chapter.04

Picture Book of **Tortoise**

CITES I-group

CITES 附錄一的陸龜

如同左頁專欄「陸龜與華盛頓公約」所示，接下來的章節將從 CITES 的三份附錄之中，挑出附錄一所列的物種進行介紹。基本上由於牠們的商業買賣都受到禁止，因此流通數量極少，在日本商家可以看見的個體，都會附有飼養許可登記證（右上圖片）。

最近如緬甸星龜及蛛網龜等品種，是較常有機會碰到的 CITES 附錄一動物。

緬甸星龜

Geochelone platynota

背景與展望

緬甸星龜是2013年6月剛被列入CITES附錄一的物種，也是因為過往的流通狀況較為穩定，在被列入CITES附錄一之後，只要可證明某個體從過去即在日本國內飼養至今，就會發放登記證，並可能以隨附登記證的形式販賣或讓渡。目前市場上所販賣的個體，全數都附有登記證。另外，從附有國內飼養登記證的個體所得出的繁殖個體，只要提出可證明其來歷的紀錄，也可以取得新的許可登記證。因此往後這類個體的交易數量，應該會很有限。

緬甸星龜跟象龜屬的印度星龜是近緣物種，例如黑底色上有奶油色～黃褐色放射花紋等數個地方都很相似。緬甸星龜的龜甲形狀比印度星龜細長，尤其雄龜從上方觀看很接近圓筒形。只要從腹甲上的斑紋差異，就能跟印度星龜做出區別，印度星龜的腹甲各甲板上長有放射狀暗斑（但在剛出生沒多久的幼體身上則沒有），背甲的各甲板（全數椎甲板及第2～4塊肋甲板）上各有7～12條放射花紋；與之相對（在剛出生沒多久的幼體身上，數量同樣可能較少），緬甸星龜腹甲的各甲板上則只有暗斑，不論成體或幼體都不具放射花紋，背甲各甲板（全數椎甲板及第2～

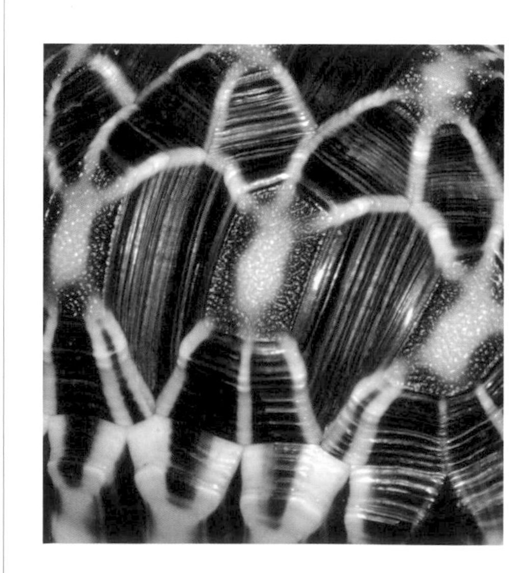

年輕個體

4塊肋甲板）上的放射花紋則不超過6條。除此之外，印度星龜的頭部會有細小暗斑，緬甸星龜則幾乎沒有，整個頭部都是黃褐色，這一點也不太相同。

緬甸星龜棲息於緬甸南部，是該國的特有種。牠們分布於潮濕的熱帶雨林及其周邊，棲地會有雨季及微乾季。

在飼養過程中，緬甸星龜的適應能力比近緣的印度星龜還要強，強健體質同樣十分出眾。只要維持適切的飼養環境，牠們甚至可能進入繁殖階段，因此希望目前有在飼養的人士，能夠以孕育出全新的世代為目標。不過，即使在人工飼養之下繁殖成功，假如親代個體尚未登記，其後誕生的個體也會無法取得登記證。因此若目前（2014年）手邊有飼養中的個體還未登記，請盡速準備資料，在規定生效日前（2013年6月以前）出示該個體的原委，以進行申請及登記。

在日本的一般財團法人自然環境中心的首頁，有詳細的申請方式可供參考。

◆參考：（一財）自然環境中心網頁
「国内において規制適用日前に取得された個体等の申請方法」
http://www.jwrc.or.jp/cites/regist/kotai/2.htm

腹甲

聖克魯斯象龜的成體

加拉巴哥象龜種群

Chelonoidis nigra-group

背景與展望

目前較普遍的看法，是將加拉巴哥象龜看作一個群體名，用以囊括數個島嶼上棲息的獨立亞種，而非單一物種的名稱。因此與其將之看作種名，改以加拉巴哥象龜「種群」般的群體名稱來認識牠們，相信會更合適（各品種如右頁一覽所示）。這裡的每一個品種都曾包含在加拉巴哥象龜這個單一物種之下，從那時便在CITES附錄一榜上有名，而到了劃分成不同品種的今日，依然皆在CITES附錄一中全體留名。商業性的流通完全不存在，日本國內在東京都恩賜上野動物園及iZoo等二處動物園各飼有1隻。以現今的分類而言，這兩隻都是聖克魯斯象龜（*Chelonoidis nigrita*）。兩隻都是在過去進口後存活至今的個體，因此相信往後也不會有商業流通。

加拉巴哥象龜種群是厄瓜多加拉巴哥群島的在地物種，牠們在這些島嶼上沒有天敵，因而繁衍不息，棲息數量曾經頗具規模。加拉巴哥群島的西班牙語名稱「Islas Galápagos」，原本即是意指「烏龜之島」。在大航海時代，隨著加拉巴哥群島被發現，加拉巴哥象龜的存在也跟著為人所知。牠們在當時受到大量濫捕，被當成能在船上長久存活的珍貴糧食「活罐頭」，數量因而急遽減少。以發表《進化論》聞名的查爾斯．達爾文當時乘著小獵犬號航行，在停靠加拉巴哥群島之際，觀察到象龜們的外型會依島嶼而有不同，認定牠們是在不同的棲息環境下產生了進化。這個想法變成了《進化論》構想的一塊基石。當時由達爾文所帶回的加拉巴哥象龜（不清楚屬於目前分類的哪個品種），直

聖克魯斯象龜的背甲

聖克魯斯象龜，前為雄龜、後為雌龜

艾斯潘諾拉象龜

艾斯潘諾拉象龜的幼體

聖克魯斯象龜

平松象龜的幼體

聖地牙哥象龜

聖克里斯托巴爾象龜的年輕個體

到2006年共存活了長達175年。由此可知，加拉巴哥象龜種群即使放眼整個生物界，仍能算是非常長壽的生物。

龜甲的形狀會因品種而異，大致可分為圓頂型及馬鞍型等2類。正如達爾文的觀察，一般認為圓頂型的品種是為了吃低矮的草，馬鞍型的品種則是為了吃到樹枝上等位置較高的葉片，而各自改變了形態。所有品種全身都是清一色的灰～暗褐色、黑色。雖然也因棲息的島嶼而異，牠們大多喜愛接近水源，會在濕地、泥沼地等處做泥巴浴。

■加拉巴哥象龜種群一覽（分布地點皆在加拉巴哥群島內）

聖瑪利亞象龜	*Chelonidis nigra*	聖瑪利亞島（1850 年前後絕種）
平塔象龜	*Chelonidis abingdoni*	平塔島（2012 年絕種）
平松象龜	*Chelonidis duncanensis*	平松島
艾斯潘諾拉象龜	*Chelonidis hoodensis*	艾斯潘諾拉島（胡德島）
聖克里斯托巴爾象龜	*Chelonidis chathamensis*	聖克里斯托巴爾島
聖克魯斯象龜	*Chelonidis nigrita*	聖克魯斯島
費南迪那象龜	*Chelonidis phantastica*	費南迪那島（已絕種）
聖地牙哥象龜	*Chelonidis darwini*	聖地牙哥島
北伊島象龜	*Chelonidis becki*	伊莎貝拉島的沃爾夫火山周邊
阿蘇爾象龜	*Chelonidis vicina*	伊莎貝拉島的阿蘇爾火山周邊
麥菲象龜	*Chelonidis microphyes*	伊莎貝拉島的達爾文火山周邊
范登伯格象龜	*Chelonidis vandenburghi*	伊莎貝拉島的阿爾賽多火山周邊
古社利象龜	*Chelonidis guentheri*	伊莎貝拉島的內格拉火山周邊及阿蘇爾火山周邊

成體

埃及陸龜

Testudo kleinmanni

背景與展望

埃及陸龜的流通數量在大約1980年代曾經極多，因價格便宜而受到差強人意的對待、大量販售。然而，在棲地開發及寵物用途濫捕的惡果之下，其棲息數量大幅減少，在1995年被列入CITES附錄一管制。牠們在埃及的棲地成了保護區，雖然也有推行繁殖計畫等，數量卻未能充分回升。日本在該附錄公告前也曾進口眾多個體，因此即使看到在CITES列管前進口的個體附有許可登記證也不奇怪，然而如同前述，在流通數量最高的1980年代，除了陸龜飼育法條幾未建立，此品種本身也因不敵潮溼等，難以適應日本的氣候，導致當時的個體皆未留存至今，得以接受登記。

少數埃及陸龜登記個體繁殖成功的案例，其實也稍有耳聞，但由於並未持續施行，再加上規模不到得以上市流通的程度，相信往後依然很難當成寵物流通。

埃及陸龜是陸龜屬中最小的品種，最大甲長約僅13cm。龜甲呈略高的圓頂狀，背甲色澤為亮褐色、灰褐色及沙子色等，甲板接縫處的色澤經常較暗。腹甲上有關節，屬於部分可動式。一般認為這是為了在乾燥氣候下保護身體。分布於北非東北部至西奈半島、以色列南部。有人認為以色列南部到西奈半島的群體應劃分成另一品種納吉夫陸龜（*Testudo werneri*），但認為此分類無效的聲浪也很強烈。即便納吉夫陸龜被分割出來，依然會受到CITES附錄一管制。

埃及陸龜相當適應乾燥氣候，棲息於沙漠、乾燥平原、荒地及矮木林等處。

亞成體

腹甲（雄龜）

背甲（雄龜）

成體雄龜

安哥洛卡象龜

Angonoka yniphora

背景與展望

安哥洛卡象龜是馬達加斯加西北部特有的單屬種陸龜。牠們跟輻射龜可說是該島的代表性陸龜，在馬達加斯加受到了嚴格保護。比起同樣名列CITES附錄一的輻射龜，牠們的棲息數量極為稀少，目前（2014年）的野生個體僅有約600隻，即使加上受到飼養保護的個體，據說也不滿1000隻。馬達加斯加自1975年成為CITES會員國後，便已停止出口本品種。出口數量在那之前其實原本就很稀少，目前並沒有CITES列管前的個體在市面上流通。在日本只找得到由動物園區保護的個體。

安哥洛卡象龜的日文名稱之所以叫「船頭龜」，是因為腹甲的喉甲板會朝前方長長凸出，有如船的「船頭」一般。其龜甲是相當高的圓頂狀，尤其年輕個體會呈足球般的球狀。成體的龜甲會變得稍微細長，但高度不會改變。背甲色彩是明亮的黃褐色，椎甲板跟肋甲板的交接處則是暗沉色澤。背甲各塊甲板上的年輪狀生長紋相當醒目，再配上色彩的效果，看起來會有如木雕烏龜一般。此外，某些個體在肋甲板上，則會有放射狀的暗色粗紋。牠們棲息於馬達加斯加西北部的乾燥樹林，棲地有分乾季及雨季。即使身處乾燥的樹林，也經常出現在較有濕度的地方，喜愛竹子及矮木叢。

成體雄龜

輻射龜

Astrochelys radiata

背景與展望

輻射龜是馬達加斯加南部特有的單屬種陸龜。牠們也擁有「馬達加斯加星龜」的別稱，但血緣跟印度星龜及緬甸星龜其實沒有特別接近。原本曾是分布區域遼闊的普通品種，但由於大量個體以寵物及園區展示用途被帶往海外，造成數量大量減少。過去在日本，牠們也曾是非法走私源源不絕的物種。目前的棲息數量稱不上非常稀少，在某些地方算是普通物種，但在某些地區則因棲息環境破壞等因素而絕種。在日本國內，很少碰到日本批准華盛頓公約的1980年前所進口的個體，在登記許可後流通於市面上的案例。另一方面，約在2014年初，有個體被引進至馬斯克林群島，棲息於模里西斯的繁殖設施（受到CITES辦事處認證的設施）之中。在該處因商用目的繁殖出的個體，則有正式進口到日本，同樣以隨附登記證的形式，有著少數流通。

輻射龜如同其名，背甲呈黑色到暗褐色，各塊甲板長有偏橙的黃色放射狀花紋，是種相當美麗的烏龜。龜甲的形狀為高圓頂型，在幼體時看起來特別圓。頭部為黃色，後腦勺長有暗斑。

牠們棲息於馬達加斯加南部的乾燥地區，在有棘植物所構成的沙漠林地之中，可以發現牠們的蹤跡。這個地區極度乾燥，除了不定期會降下的大雨，平時幾乎無雨。本物種已知會在罕有的降雨過後積極活動。輻射龜的繁殖工作在美國較為頻繁，繁殖出的個體經常會直接送到爬蟲類的展銷活動等處。若能在日本國內取得數量稀少的正式流通個體，期待飼主能考慮在飼養過程中進行繁殖。

成體

色澤和樣貌多少具有變異

扁尾陸龜

Pyxis planicauda

背景與展望

過去曾是單屬種，如今則被歸入蛛網龜屬。在馬達加斯加有分布的陸龜科之中，牠們屬於最小型的物種，甲長僅約13cm。此品種約在2000年首次進口至日本，在那之前幾乎完全沒有流通。其後雖有一段時間持續成批進口，但由於原本就是棲息數量較少的物種，不久過後便被納入了CITES附錄一（2003年2月）。如今，牠們的棲息數量似乎仍因棲地胡亂開發等因素而持續減少。2003年以前進口到日本的個體，可以透過申請取得登記證，在隨附登記證的條件下，即可販賣和讓渡。因此，這類個體在極少時候仍有在市面上流通。

跟同屬的蛛網陸龜相比，扁尾陸龜的體高較低而扁平，龜甲稍微有稜有角。緣甲板的邊緣呈鋸齒狀，幼體的這個部分比成體顯著。背甲色彩跟蛛網陸龜很相似，成體後各甲板的接縫處附近會轉為亮褐色，這點也跟蛛網陸龜一樣。腹甲呈奶油色～亮褐色，帶有暗色斑紋和放射花紋。腹甲上沒有關節。龜如其名擁有扁平的尾巴，這也是其中一個特徵。

扁尾陸龜是馬達加斯加西部的特有種，棲息於乾燥的落葉樹林，在乾季期間會將身體鑽進落葉中度過。跟蛛網陸龜等相同，因會在雨後積極活動的模樣而聞名。飼養過程中若環境乾燥，將會使牠們行動遲緩，因此最好定期用水罐等器具將籠內噴濕。

本物種跟蛛網陸龜相同，會一次產下1顆（罕有2顆）跟身體比起來相對較大的卵。雖然數量不多，在日本國內也有繁殖案例。

腹甲

中部蛛網陸龜的背甲
中部蛛網陸龜的腹甲
指名亞種中部蛛網陸龜

蛛網陸龜

Pyxis arachnoides

背景與展望

　　蛛網陸龜在馬達加斯加特有的陸龜中算是小型，甲長僅有約15cm。在過去某一時期，日本曾定期自馬達加斯加進口特定數量，在市面上較有流通，其後法規成立，蛛網陸龜在2005年被列入CITES附錄一清單，基本上商業性進口已經全面消失。在本物種受到CITES附錄一列管之後，分布於馬達加斯加的4種特有陸龜科（被認定是移入物種，在非洲大陸也有分布的鐘紋折背龜除外）便被全數列入了CITES附錄一的名單中。2005年以前進口至日本國內的個體，可透過申請取得登記證，並可在隨附登記證的條件下買賣及讓渡。也因如此，目前這類個體仍有稀少的流通。此外，蛛網陸龜在日本國內也有繁殖案例，只要是能交代來歷的繁殖個體，也會發放登記證。

　　蛛網陸龜擁有暗色背甲，各甲板上長有亮褐色～奶油色的放射狀花紋。此外，成體的緣甲板及肋甲板接縫處附近也會變成亮褐色～奶油色，這些花紋就像遍布的蜘蛛網一般，因而獲得了「蛛網陸龜」的名號。龜甲是細長的圓頂型，幼體時會略為偏圓。頭部很小，顏色偏黑。蛛網陸龜具有3個亞種，位於馬達加斯加西南部的指名亞種中部蛛網陸龜（*P. a. arachnoides*）在腹甲上有關節，為奶油色～黃色的單一色澤，不具斑紋。位於馬達加斯加東南部的亞種北部蛛網陸龜（*P. a. brygooi*），腹甲大多不具關節，腹甲上有時會有小型暗色斑點。位於馬達加斯加南部的亞種南部蛛網陸龜（*P. a. oblonga*）是腹甲關節最發達的亞種，腹甲外圍附近的暗色斑紋相當醒目。

　　蛛網陸龜跟輻射龜一樣，棲息於馬達加斯加西南部到東南部的乾燥地區，在沿岸的草原、荒地、乾燥森林等處都能見到。基本上經常待著不動，在下雨過後等時刻，則能觀察到牠們積極活動的模樣。

中部蛛網陸龜
亞種北部蛛網陸龜
北部蛛網陸龜
亞種南部蛛網陸龜
南部蛛網陸龜
南部蛛網陸龜的腹甲

Chapter.05

How to care Tortoise

陸龜的飼養

取得與事前調查

若想試著飼養陸龜，應在事前調查有哪些類型，先從找出符合喜好的品種著手。相信將本書讀至此處的讀者已能理解，雖然全部都叫陸龜，其類型卻相當多樣，特徵也各有不同。既有可以長到相當大隻的類型，也有較為小型、養起來很精巧的類型。適合在戶外飼養的品種、無法如此的品種，雜食性強的品種、完全草食的品種，喜愛潮濕環境的品種、喜愛乾燥環境的品種等等，條件實在五花八門。若能從中思考何種飼育類型最適合自己，再配合偏好來選擇，大概就能得出答案了。透過包括本書等書籍、網路搜尋，或實際前往專賣店及大型綜合寵物商場等處，看一看牠們實際的模樣，也是很好的作法。在將烏龜實際帶到手邊之前，必須先像這樣做過調查。

依據品種不同，有的好幾年才會流通一次，有的則是只在特定季節流通，或許未必能碰到最佳的取得時機。在專賣店等處會有這類詳細資訊，向店員諮詢目前可能取得的類型，從中選擇自己想養的品種，也不失為一個方法。這類寵物店裡除了會有動物活體，還能把飼養所需的器材／飼料等物品一次湊齊，即便是第一次養也能放心。如果店裡沒有內心想找的品種，某些店家其實會在進貨時通知，不妨運用一下這類服務。

不論何種情況，買完之後都要趕緊回家，組裝好飼養箱，將烏龜放入其中。夏季與冬季的戶外氣溫都會劇烈波動，在帶著烏龜移動的過程中，要小心留意溫度變化。不用說冬季氣溫當然容易降低，對低溫較敏感的幼體等等，有可能會在移動時搞壞身體，因此記得要在運送過程中同時用暖暖包等物品保溫。相反地，在夏季等時節，如果把裝著活體烏龜的容器鎖在車內，離開車子去辦事，車子裡面的溫度意外地會在短時間之內上升到危險的程度。陸龜有許多品種都棲息在熱帶地區，不過如果身處連人類都會中暑的環境之中，體溫還是會過度攀升。為了避免這類意外，買完後的行動還是要以動物為優先。

請千萬不要忘記，在賣家將動物交到飼主手上的瞬間，飼養管理的責任，也會理所當然地移交到飼主身上。

除了專賣店外，在各地舉辦的相關活動會場等處也能買到

關於飼養

飼養所需用具

陸龜的種類繁多，飼養方式也各不相同。本書列出了A～F等6種群體，接下來將分類解說飼養用具的搭配及運用方式。即使屬於同一類別，依品種、成長程度，甚至於個體的不同，所需條件都會稍有差異，因此請將本書的飼養方式當作基礎參考，再稍做微調。在開始講解各類別的飼養方法之前，本文將先介紹幾乎所有陸龜都會需要的基本飼養用具，以及日常的照料方式。

一般而言要飼養陸龜類，會需要以下的器材：

- □ 飼養箱
  （玻璃缸或爬蟲類專用飼養箱等）
- □ 水盆
- □ 加溫墊
- □ 聚光燈泡與燈座
- □ 爬蟲類專用紫外線燈具
- □ 底材

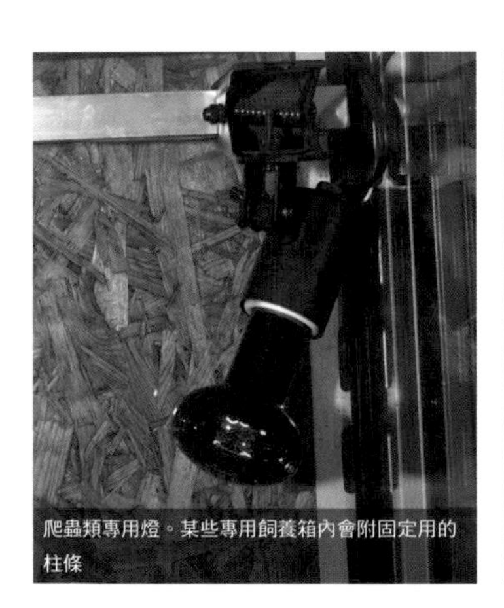

爬蟲類專用燈。某些專用飼養箱內會附固定用的柱條

水盆。淺而寬廣的類型較為適合

使用專用飼養箱的例子

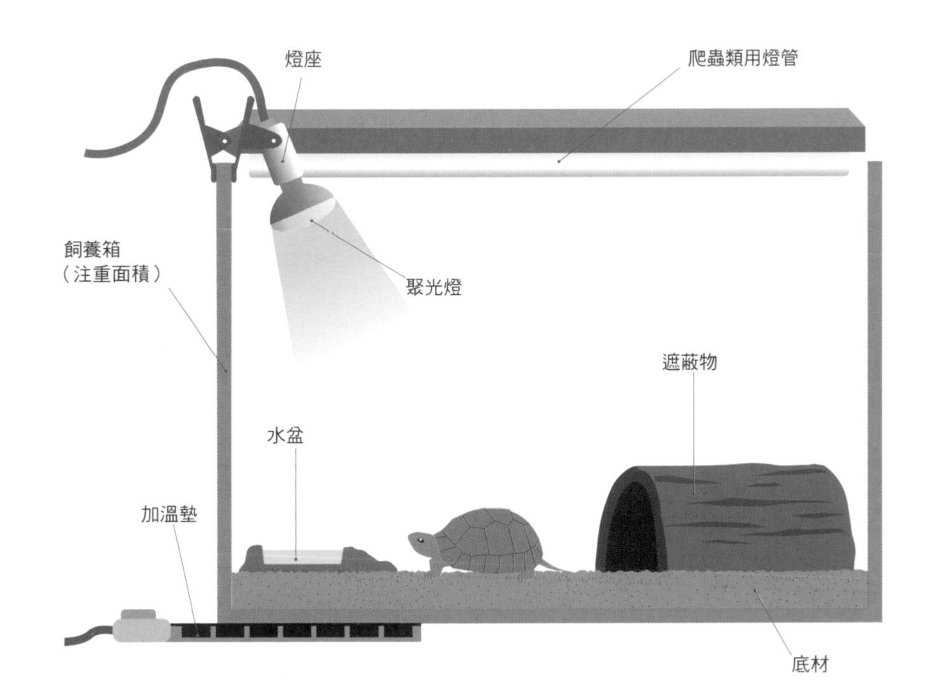

飼養用具的搭配

從陸龜那笨重的外型就能看出，不擅長或不做立體移動的品種占了大半，基本上都只會在地上進行平面移動。另外，牠們的身體也不像蛇和部分蜥蜴般柔軟，頂多只能將手腳縮進龜甲裡頭。牠們的動線筆直，因此較為理想的飼養箱，不論長寬都必須足夠。請準備底面積夠大的飼養箱，能讓牠們過得舒適。若是要飼養幼體，包括成長後的大小也應先考量。若能一開始就算好成體的尺寸，用較大的飼養箱來養，這樣是沒有問題的。但若打算隨著烏龜成長，慢慢換成更大的飼養箱，就請一併思考放置的空間是否充足。基本上飼養箱越大越好，但例如在飼養幼體時，假設飼養箱太過寬闊，當烏龜偶爾跑到加溫器具效果較差的角落等處，體溫就有可能無法充分提升，因此要多多留意飼養箱跟加溫器具的相對尺寸是否合適。

前方有門的爬蟲類專用飼養箱，使用起來應該最方便。跟相同尺寸的玻璃缸比起來，附門的飼養箱稍輕一些，更能順利搬動。各廠商都會推出如滑門式、拉門式等型態多樣的產品，可依照喜好來選擇。玻璃缸當然也可以使用。另外，像衣物收納箱等容器同樣很輕盈，底面積又大，用起來雖然很方便，卻無法抗熱，一旦裝了聚光燈泡等就必須注意，這是比較麻煩的地方。飼養箱跟玻璃缸的開口通常在頂面，飼養不同的品種，濕度必須跟著變化，因此有時就必須調整，例如用玻璃蓋等物品蓋住一半等。陸龜無法進行立體性活動，假如是用魚缸來養，只要高度超過陸龜手腳完全伸展時的全長，陸龜就無法爬出來，不另行加蓋防止逃脫也沒關係。除此之外，也有人會將房間一隅用板子等物品高高圍起，在地板上鋪放防水墊等物品，採取半放養的飼養方式。雖然不是人人都能辦到，如果做成這樣，相信會非常壯觀。

室外飼養例

耐寒品種也可以養在野外，前提是冬天必須會冬眠。飼養在戶外會需要種種措施，例如安裝網子抵抗烏鴉或貓等動物的襲擊，以及將圍欄插入地面下，以防烏龜挖洞跑走等等。即使是沒有溫帶習性、不會冬眠的品種，也可以在野外設置放牧場，只在較溫暖時期的白天待在外頭。不過在夏季等溫度會在短時間內過度攀升的時期，則一定要製作遮蔭處。

地面上必須鋪設底材，以免烏龜滑倒，並吸收糞便尿液等髒汙。每個品種適合的底材都不同，但大多都能適應樹皮屑、木屑及乾燥牧草等。使用稱作「椰纖墊屑（PALM MAT）」或「樹皮（BARK）」的木片，並不會產生太大的問題，但從原料滲出的木灰，有時會在烏龜的趾尖及腹部處染出些許褐色（並不會損害健康）。而同樣是木屑，以「白楊木」這種楊柳科樹木製成的產品，則不會產生類似木灰的東西。乾燥牧草可以有效吸收氣味，同樣是很優良的底材。貓狗用的寵物尿墊很能吸收糞便及尿液，但過去曾有烏龜因沾附食物而誤食的意外案例，因此不太建議使用。報紙和廚房紙巾等紙類不好站穩，會害烏龜滑倒、阻礙成長，請多多留意。另外還應注意沙類底材，若是成體並不會有問題，但在飼養幼體之際，如果鋪設比重較高的沙子，食物上所沾黏的沙子常會因較重而累積在烏龜腹部，逐漸堵塞消化器官。最起碼在飼養幼體時，應該避開過細的砂子，選用大到烏龜無法吃下的顆粒土，或者就算吃下也不會有問題的乾燥牧草等。另外，由於沙子能夠吸收氣味，若是排泄量較多的陸龜，到頭來還是不太適合。

在選擇底材時，包括飼主的飼養型態、各品種喜好及適應的環境、容易取得的程度等等，都是可供考量的面向。

大多陸龜都是日行性的生物，最佳體溫（活動所需的體溫）偏高，因此在飼養過程

小龜的飼養環境例

中，必須要有足以重現大自然中豐富日光的熱源及光源（照明）。此外日行性的爬蟲類有個特徵，要照射到紫外線（此指名為UVB的波長），才能吸收食物中的鈣質，在體內合成維生素D3。因此照明設備必須涵蓋紫外線波長。如果這個流程無法執行，就算給予鈣質，烏龜也無法順利吸收，會導致代謝性骨病。

最有效的光源，是能夠發出強光的「金屬鹵素燈」。除了提供涵蓋紫外線的波長之外，強光還能提升活性，使烏龜的體色看起來更美麗，優點多多。但此燈也有一些缺點，例如較為高價、某些飼育箱的形狀不好安裝、輸出功率較高，因此若飼養箱不夠寬闊便難以運用等等。另外，棲居於森林等處的品種，討厭過亮的環境，如果在無處可逃的地方使用金屬鹵素燈等光通量較強的燈具，反而可能使烏龜體內的活性降低。

最受廣泛使用的照明器具，是涵蓋紫外線波長的爬蟲類專用日光燈。這類燈具可以

飼育爬蟲類、兩棲類用的 UVB 燈泡

直接裝進市售的觀賞魚用燈罩等處，相當方便。近來也有販售可裝進燈座中的螺旋型燈泡。只要選擇適合飼養箱型態的產品即可。這些專用燈具所能發出的紫外線具有效期，一旦超過說明書上所寫的使用期限，乍看之下還是有光，但跟紫外線相關的效果可能已經變差了，因此請定期更換。此外，爬蟲類專用日光燈所含的紫外線有低、中、高等強度，同一廠商也會推出數款製品。請依據所養的陸龜類型，來決定紫外線含量的比例。

熱源就跟照明一樣不可或缺，能替陸龜提升活動時所需的體溫。飼養箱內可以提升體溫的地方叫做「熱點」。與其讓整個飼養箱具有平均暖度，存在著溫度較熱的熱點，以及溫度較低的其他部分，像這樣的溫度分配，才是飼養爬蟲類時真正需要的。當陸龜想提升體溫時，就會移動到熱點底下，而在夠暖了之後，則會移動到涼爽的地方。正因如此，熱點處的熱源主要會使用形狀有如香菇，能夠對照射面正下方集中加熱的「聚熱型」燈具。不過也有某些品種比起部分高溫，更喜歡箱內保持平穩的均溫環境，這類品種就不必使用聚熱型燈具，而該配合選擇普通燈泡狀的散熱型燈具等。聚光燈泡的瓦數有很多種，記得要依照飼養箱的大小，到專賣店等處選購適合的產品。基本而言，照射面正下方約達35～40℃，隨著距離越遠，溫度也會稍微降低的程度，才是最適合的狀態。聚光燈泡跟照射面的距離等也可以

調整，請在燈泡本身的瓦數及照射距離這兩方面適切調節，幫烏龜創造出溫度適宜的熱點。聚光燈泡和照明，到了夜晚就要關掉。

在冬季等關燈後會大幅降溫的時期，或者飼養對寒冷特別敏感的品種、以至於幼體等等，如果養在不開空調的房內，就必須再準備加溫用具，以防夜間過冷。這些用具要整天都開著，或晚上再開都可以，可按晝夜氣溫來調節使用期間。如果飼養箱內的溫度可能變得過熱，則可安裝控溫器等溫度調節器具。加溫器具有裝在燈座上使用的燈泡型，以及鋪在底面的「加溫墊」。燈泡型的加溫燈，跟白天時會點的聚光燈並不相同，有的只會散發紅外線，有的則是會發出爬蟲類較難察覺的紅光或紫光。前者屬於燈泡型的「陶瓷加溫燈」，特性是就算不小心碰到水也不會破裂。但由於不會散發可見光，萬一故障時其實難以察覺，因此必須檢查是否有在運作。後者則被稱為「紅光保溫燈」、「紅外線保溫燈」等，雖然是燈泡，卻不會發出炫目的光線，因此在夜裡也可以使用。安裝這些燈泡型的加溫器具時，就跟當作熱源使用的聚光燈一樣，必須只照射飼養箱的其中一處。加溫墊能夠維持特定溫度，可鋪在飼養箱下或靠在外側壁面使用，透過發散遠紅外線，就能加熱動物的身體。它們大多具備自動調溫的功能，溫度不會上升過頭，因此就算白天晚上都開著也很安全。加溫墊應選擇相較飼養箱底面積約3分之1的大小。

飼育爬蟲類、兩棲類用的控溫器

數位式溫濕度計。可以確認數值，讓人很安心

如果找不到合適的尺寸，則請只墊入底面積約3分之1的程度即可，不要整塊使用。如果將飼養箱的整個底面都接觸加溫墊，當溫度過熱，動物將會無處可逃。爬蟲類是無法自行調整體溫的動物，這點請多注意。加溫墊所使用的瓦數不高，不太會引發整個飼養箱溫度過高等意外，因此在寒冷的時期，白天和晚上都可以一直開著。

就算陸龜是棲息於乾燥地區的類型，大

多還是會喝水。尤其幼體時期容易發生脫水症狀，請記得放置水盆（依品種也有例外，請再參考後方分類介紹的章節）。市面上有販售各種尺寸的水盆，請按照所養的個體類型及大小，選用合適的產品。

餵食／供水

所有陸龜都是草食性，或是草食性偏強的雜食性。雖然也有部分例外，基本上都會餵食植物，會供應的植物性物質大多是蔬菜類。小松菜、青江菜、埃及國王菜、西洋菜、葉萵苣、青花菜的葉片等葉菜，紅蘿蔔和南瓜等具有「黃綠色蔬菜」稱號的食材、草莓及莓果類等果實，將這些東西切成薄片或切碎，就會是很棒的食物。所有蔬菜類都要仔細清洗，去除農藥等物質；葉片等不能整片給，切碎後會較方便食用。餵食方式人人不同，但要記得給予多樣的植物性物質，避免持續提供同一種食物。盡可能混合數種蔬菜和水果，會是較好的做法。不同的品種及個體，可能會只對特定蔬菜感興趣，

記得切碎一點，以方便烏龜食用

桑葉是很容易取得的一種優良食物

這時只要以混合的方式供餐，通常還是會願意吃其他食物。幼體等的嘴巴較小，最好先切碎再給。比起直接給整片蔬菜，或許因為吃切碎的食物下巴比較不累，烏龜比較不會吃到一半就沒興趣，進食量常會因而增加。此外，像這樣提供蔬菜類給烏龜的時候，最好能再混入鈣粉及維生素補充劑等營養補充劑。蔬菜類本來就含有豐富的維生素和礦物質，因此比起肉食性的爬蟲類，陸龜本來就較少出現營養不良等症狀，不過若能夠透過營養補充劑來補足尚且不夠的部分就更好了。但在給予維生素補充劑（尤其是維生素A、維生素D群）的時候，也請遵守正確用量及用法，以免攝取過度。

桑葚也可以拿來餵食

另外，市面上也有販售陸龜專用的食品類。這些產品多是大豆製等植物性蛋白質，或以小麥為主原料，能夠單吃的東西不多，但可以跟黃綠色蔬菜及果實並用，用以增加菜色。雜食性較強的陸龜也會需要蛋白質及脂質，若能巧妙運用這類配方飼料，相信效果會很不錯。

幼體基本上每天都須餵食。跟肉食性生物相比，草食性生物較不擅長將食物的養分「吃起來放」，因此每天都必須攝取低卡路里的食物。當然如果平時都有好好餵食，就算在旅行等因素下離家數日，沒有讓烏龜吃東西，也不會發生任何問題。成體比幼體更能忍耐斷食，但最好隔約一天就要恢復進食。

吃豆腐的印度星龜

正在進食的印度星龜。切碎的蔬菜上頭撒了營養補充劑

清掃

糞便和尿液（爬蟲類會排出白色的固態尿，而非液態）要盡量勤於清理。陸龜沒有在特定場所排泄的習性，因此一看到就清掉會比較衛生。長到成體之後糞便量會增加，味道也會更難聞，所以要盡早清理。雖然也會因排泄多寡及髒污程度而異，但最好還是每週約一次將底材整個換掉。另外若能以大約2週一次的頻率將飼養箱整個洗過，也會比較衛生。

溫水浴

用低於人體溫度（35℃左右）的溫水，裝到烏龜手腳撐起時頭部能確實離開水面的深度，讓烏龜浸入其中，這就是「溫水浴」。幼體時期經常會做溫水浴，藉以活化代謝及補充水分。有些人認為飼主最好不要幫烏龜做溫水浴，也有人覺得做了之後比較不會發生各種代謝問題。

哪種看法比較正確，不得而知，但溫水浴最起碼對棲居在高濕度森林及濕原中的物種相當有效。尤其在幼體時期，皮膚容易變得過度乾燥，飼養過程中對濕度較有要求的品種，若能數天做一次溫水浴，效果將會很好。時間大概10～15分鐘，就算泡更久也不成問題，但若是冬季等時節，則必須不時換水，以免溫水浴的水涼掉。做完溫水浴後，要用毛巾等擦拭烏龜身上的水分，以免水分蒸發造成體溫降低。也有一些人認為，像穴龜及沙龜等居於乾燥地區的品種，做溫水浴會有反效果，因此是否要做，還是得依飼養品種的類型來決定。

正在做溫水浴的印度星龜

分類飼養法

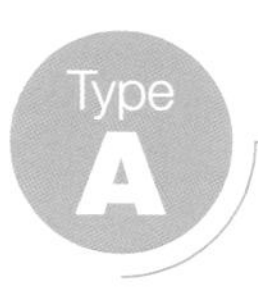

喜愛高溫乾燥氣候的類型

這個類型所包含的物種，主要棲息於熱帶大草原、荒地、礫質沙漠及荒野等熱帶地區的乾燥環境。

在高溫乾燥的環境之中，許多地方一到夜裡就會猛然降溫，因此居住在沙漠裡的黎凡特陸龜，以及居住在乾燥平原上的查科象龜等，都能夠忍受暫時性的極度低溫。話雖如此，牠們也必須在白天已有確實提升體溫的前提之下，才有辦法熬過低溫。因此不論長時間身處低溫環境，或暴露在潮濕所帶來的低溫之中，對這群陸龜而言都足以致命。飼養箱內最適合的保溫型態，是用聚光燈泡照射某個角落。所有品種在幼體時期都比成體還不耐寒，因此最好要再並用加溫墊或紅外線加溫燈等能在夜裡保溫的器具。

飼養箱使用概論中介紹過的基本款即可，但像蘇卡達象龜和豹紋陸龜，到最後都會長到很大隻，因此必須事先考量這個情形，準備夠大的飼養箱。這群陸龜不喜歡悶熱的空氣，所以飼養箱應該保持上蓋敞開的狀態，或使用鐵網等透氣性較佳的製品。

底材請使用木屑、乾燥牧草等清爽、不太會聚集濕氣的材料。若想營造野生氣息，填入固態的赤玉土等材料，相信也會富有趣味。但赤玉土會產生大量塵土，因此必須定期灑水等，以免塵土飛揚。雖說是棲息於乾燥地帶，但這所有的品種依然需要喝水，因此請準備水盆。為了避免被踢倒，導致底材變成濕潤狀態，請使用淺而小、具有確實重量的水盆。

這群陸龜的食性都接近完全草食。餵食要以葉菜類為主，提供低卡路里的東西。野生的蘇卡達象龜和豹紋陸龜會吃大量的禾本科植物，因此也可以替牠們到野外採集狗尾草和牛筋草等野草。此外像玉米的外皮等，也會是很棒的食物。

符合 Type A 的品種

- 蘇卡達象龜
- 豹紋陸龜
- 疊包折背龜
- 希臘陸龜的部分亞種（黎凡特陸龜、黃金歐洲陸龜等）

喜愛高溫潮濕氣候的類型

這個類型所包含的群體，都棲息於高濕熱帶雨林、雨林、潮濕的熱帶大草原、靠近水域的草原、濕地地帶等處。靠近水域、待在森林裡頭，容易會讓人誤以為相當涼爽，不過這些棲地位於熱帶地區，因此幾乎都是悶悶的濕熱地點。

在飼養過程中，必須注意乾燥和低溫。高濕度的熱帶地區跟沙漠等乾燥地帶並不相同，溫度到了夜晚也不會大幅下降，屬於整日氣溫都很暖和的環境。這個群體的烏龜，尤其幼體對暫時性的低溫也很敏感，例如星龜的幼體，倘若沒有用心將溫度維持在25℃以上，經常就會引發類似感冒的症狀。這個群體不論白天夜晚，都要開著能夠保溫的紅外線加溫燈等。另外，有些品種不喜歡太明亮的環境，因此要在飼養箱內製作隱蔽處，好讓烏龜能夠躲開金屬鹵素燈等強光；維持濕度也很重要，開口在頂面的飼養箱、無蓋的魚缸等容器，經常都比飼主所想像的更容易變乾。如果飼養箱內部過於乾燥，烏龜就會一直閉著眼睛，變得不活潑，龜甲的生長紋也會長得不好，變得有如皺褶一般。尤其黃腿象龜、鋸齒折背龜及靴腳陸龜等幼體，其實相當喜歡飼養箱內壁隱約附有一層水滴般的高濕度，乍看之下甚至會讓人懷疑濕度是否過高。星龜、亞達伯拉象龜及紅腿象龜等，在幼體時也要充分注意是否過乾。一旦覺得濕度不足，就要在飼養箱內噴水霧，或者用水滋潤底材。亞達伯拉象龜和鋸齒折背龜也很喜歡沖澡，請準備大到足以浸泡身體的水盆，讓牠們在裡頭沖涼。

符合 Type B 的品種

- 星龜
- 紅腿象龜
- 黃腿象龜
- 亞達伯拉象龜
- 靴腳陸龜
- 折背龜屬
- 印支陸龜屬

底材以能夠留住水分的材質較適合，例如用椰纖土軟化而成，以「PALM MAT」名稱販售的商品等。由於飼養環境的濕度很高，食物殘渣等容易發霉，要記得勤於更換。

這群陸龜除了草食性較強的亞達伯拉象龜以外，大多都是偏草食的雜食性品種。星龜等主要食用植物，但比起葉菜類，更喜歡果實等等。亞達伯拉象龜可以餵食類型A的葉菜類，星龜則可再加上香蕉、芒果、草莓等果實類。至於紅腿象龜、折背龜類及印支陸龜屬等雜食性更強的品種，則可搭配3分之2量的配方飼料、搗碎的蟋蟀等昆蟲類，偶爾也可以餵食雞胸肉、雞肝及乳鼠等動物性物質。黃腿象龜和靴腳陸龜等的肉食傾向又更強（尤其在幼體時），因此可將比例提升至總量的約莫一半。飼養這些品種不能只餵葉菜類，否則將會無法充分成長，請多留意。

分類飼養法

Type C 喜愛溫暖氣候的類型

這個類型所包含的各個品種，都棲息於溫暖濕潤、地中海型氣候等四季溫度變化較大的地區，而非熱帶地區。之中包括了大半的陸龜屬、棲息於非洲中具四季的南非地區的挺胸龜，以及餅乾龜等。

此類型的大多品種都棲息在草原、牧草地、農耕地及乾燥平原等處。整體而言喜愛微暖氣候，而非極度的高溫。有的品種在冬季時甚至可能冬眠，但如果不是為了繁殖，並不需要勉強牠們。假如沒有冬眠，冬季時就需要效果充足的加溫設備，否則若溫度不高不低，可能會使烏龜的代謝下降到某個程度後不再提升，導致食慾不振、持續消耗體力，請多多注意。

符合 Type C 的品種

- ●赫曼陸龜
- ●緣翹陸龜
- ●餅乾龜
- ●四爪陸龜
- ●希臘陸龜的部分亞種（歐亞陸龜等）
- ●挺胸龜

雖然牠們並不需要身處於強烈的高溫之中，但在飼養箱裡仍然須用聚光燈等以製造出溫暖的區域。燈泡使用瓦數比類型A稍弱一些的即可。除了嚴寒時期，夜裡都不需要保溫。如果最低溫度掉到18℃左右，夜間就

赫曼陸龜的戶外飼養例

要用加溫燈或加溫墊來維持溫度。

雖然不用極其注意溫度，但挺胸龜等不喜悶熱，因此要留意飼養箱的通風情形。牠們需要大量的紫外線，是很喜歡做日光浴的一群烏龜。飼養時最好選擇高強度的專用紫外線燈。這群陸龜如果待在過於昏暗的環境，食慾就會變差。

底材使用類型A的乾燥墊材即可，木屑和乾燥牧草都很適合。四爪陸龜喜歡撥開底材鑽進其中，因此要幫牠們鋪厚一點。像是居住於多岩地點的餅乾龜等，如果用扁平岩片等搭組出藏身處或運動場所，就能觀察到在陸龜身上很少見的立體活動，相當有趣。

這群陸龜的草食性偏強，所以主要會餵葉菜類，不太要給配方飼料等。除了在概論中提到的葉菜類，像紅蘿蔔和南瓜片等，也都是不錯的食物。如果有辦法餵食野草同樣很棒。蒲公英、車前草、繁縷及白花三葉草等野草具有高度營養價值及豐富纖維質，特別適合拿給這類型的烏龜吃。至於配方飼料等蛋白質和脂質含量較高的食物，則最好不要餵。只要用心給予牠們彷彿粗茶淡飯般的低卡路里食物，就連龜甲形狀等處都能長得很漂亮。此外在陸龜屬所棲息的土壤之中，包括鈣質等礦物質的含量都比日本還高，只憑日本的蔬菜，再怎樣還是容易導致礦物質缺乏，因此要記得給牠們吃一些市售的補鈣劑和礦物質補充劑。另外也可以在飼養箱內放入用來給鳥補充營養的鹽土，或被稱為「外套膜」的烏賊外殼等，讓烏龜啃咬補充礦物質。

在角落設有可以藏身的小屋

整體有加高，更方便排出積水

分類飼養法

沙龜、珍龜類的同伴

沙龜屬和珍龜屬的烏龜，主要分布於南非共和國的局部高地。基本上飼養環境跟類型A很像，不過在飼養這類烏龜時，必須更注意飼養箱內的通風，餵食方面也有一些較獨特的注意要點。

這群烏龜同類棲息於高原、高地的乾燥平原、多岩荒地等處，居住在降雨量不多的乾燥地帶。比起類型A那熱量豐沛的乾燥棲地，牠們的所在之處則經常吹拂乾燥的風，備顯乾燥。在已觀察到的紀錄當中，牠們甚至曾出現在人類暫待沒多久眼睛就會乾到疼痛的地點。日本人或許很少察覺，但日本其實是在春季至夏季會出現極高濕度的國家，若適逢類似時期，飼養時就要用心管理空氣的濕度，以免這類烏龜身體不適。在濕度較高的時期，最快的改善方式，就是將冷氣設定成除濕功能，或用小型電風扇對著飼養箱的外側送風。冷氣在除濕的同時也會降溫，因此在飼養箱內，就必須拿熱點用的加溫燈充分照射。牠們算是很能抵禦夜間降溫，但在冬季等時期，還是要用紅外線加溫燈等守住最低溫度。

底材除了類別A所使用的木屑及乾燥牧草之外，若能鋪放鍛燒赤玉土等硬質土，就能看到牠們提起龜甲輕快行走的模樣。鍛燒赤玉土等材質同樣很能吸收多餘的水分，可說是很適合這類烏龜的底材。或許由於野生時的棲地不會出現水窪等環境，這類烏龜平時幾乎不會從水盆喝水，所以只能透過食物吸收，或偶爾用噴霧罐在飼養箱內及烏龜身上稍微灑水，讓烏龜透過舔舐這些水滴攝取水分。當水霧的水滴附著在龜甲邊緣，像鋸緣沙龜等就會做出撐起後肢，往前傾斜身體的姿勢，以飲用移動到嘴邊的水滴。牠們討厭過濕，但若能提供像這樣過一陣子就會乾掉的水量，就能順利餵水。

這類烏龜的主食是葉菜類，不同的個體常會偏食，只吃特定類型的植物。牠們在大自然中會吃極高比例的多肉植物，食用仙人掌、以「石蓮花」名稱販售的多肉植物，還有「冰花」等蔬菜，都很有嘗試的價值。即使是被當成觀賞植物販賣的多肉植物類，也有不少都能當成食物來餵食，不妨試試看。這類烏龜多為小型品種，不太會破壞箱內擺設，因此也有愛好者會在箱內種植這些多肉植物，佈置成景觀飼養箱。這群陸龜能夠邊飼養邊享受佈景之樂，在陸龜中較為罕見。

符合 Type D 的品種

- 沙龜屬
- 珍龜屬

穴龜的同伴

穴龜的同類，大半都是會在乾燥荒地及沙漠附近、砂質草原等處挖掘深洞居住的品種。擁有類似習性的查科象龜，也適用本篇的飼養方式。基本飼養方法跟類型A很像，不過也需要配合上述的挖洞習性做點安排。

飼養箱除了注重底面積外，還必須選擇較具深度（或高度）的產品，以利替牠們鋪設較厚的底材。衣物收納箱和玻璃魚缸都很符合這些條件。飼養箱裡會有一部分設置成高溫的曝曬區，不過也一定要在遠處做出較涼爽的部分，好讓烏龜可以避難。

為了方便烏龜挖掘巢穴，最好選擇混合河沙及黑土的底材等，盡可能鋪厚一點。這種混合用土只要加以按壓，就會變成堅固的地基，使烏龜挖出的洞穴不易坍塌。穴龜類的同伴在夏季炎熱時期或冬季時，都會窩在這樣的巢穴裡休眠。雖然不讓牠們挖洞也養得起來，但有的個體如果沒有藏身之處就會備感壓力，因此記得要幫牠們搭建替代性的藏身設施。只要用人工植物或遮蔽物等，製作出能夠擋住曝曬區光線的藏身處，牠們經常就會從該處開始挖掘洞穴。長到成體的尺寸後，想讓牠們挖洞挖到心滿意足的深度，在物理上是非常困難的，不過如若能盡量營造出接近大自然的狀態，讓牠們多挖點洞，還是可以減輕壓力。若是德州穴龜則不會挖掘巢穴，而會將選定的地點周邊製造成凹坑般的環境，當成自己的住處，因此跟其他品種相比，應該更容易重現出理想的環境。

符合 Type E 的品種
●穴龜屬　●查科象龜

空氣中的濕度必須盡量壓低，因此要留意飼養箱內的空氣流通。牠們有時會直接從水盆喝水，因此也必須準備不太會翻倒的小水盆。

餵食部分主要提供蔬菜類，埃及國王菜及小松菜的營養價值都很高，是牠們愛吃的一類食物。這群陸龜會吃一種特別的食物，也就是仙人掌類。牠們在野生時會食用極大比例的仙人掌類，如果偶爾能夠吃到外面賣的團扇仙人掌，牠們會非常開心。市面上也有販賣冷凍塊狀的產品，購買前也可以先查一查，是否能透過網購等方式取得。

Chapter.05
陸龜的飼養

分類飼養法

麒麟陸龜

此處舉出凹甲陸龜屬的麒麟陸龜，列為一個單獨項目。麒麟陸龜是棲息在東南亞山地等處的品種，與同屬凹甲陸龜、棲息於熱帶濕地及雨林等處的靴腳陸龜相對偏好涼爽樹林及山區斜面等處。

飼養環境必須避免過度高溫，準備通風良好的飼養箱，除冬季到初春期間以外，都只能使用瓦數極小的加溫器具。與其以聚光型燈具猛烈照射飼養箱內部，利用散光型燈具緩和地加熱空氣，結果會好上許多。在夏季轉熱等時期，反倒需要留意高溫，假如溫度可能過高，就要開冷氣或用電風扇送風等，將溫度維持在25℃左右。開冷氣也會拉低濕度，因此必須多費點心思，同時加開加濕器等。在某些時期，麒麟陸龜常會居住於受霧氣等籠罩的地點，因此對濕度也有所講究。

幼體時期適合的底材，是類似於在椰纖土表面覆蓋擰乾泥炭蘚的環境。這個時期尤其需要頻繁泡水，因此也會需要淺水盆。成長後對濕度的要求會跟著降低，因此也可以改用乾燥牧草等。

飼養這個品種，最棘手的部分是食物。牠們在大自然中主要攝食菇類，因此飼養時也必須按此標準來準備食物。某些個體在習慣後也會開始吃葉菜類，但在最初的階段，大多個體都只會吃香菇。請餵食金針菇、杏鮑菇和鴻喜菇等市售菇類。菇類的維生素含量豐富，但若只吃特定食物，容易導致營養不均，因此還需添加綜合維生素補充劑或補鈣劑等營養補充劑。除了菇類之外，牠們也會吃竹筍的嫩芽部分等。能夠習慣的個體，就連葉菜類都能自然食用，有些個體還會吃黃金葛等觀賞植物的葉片。

符合 Type F 的品種

●麒麟陸龜

麒麟陸龜的棲息環境（馬來西亞）

Chapter.06

陸龜飼養的疑難排解

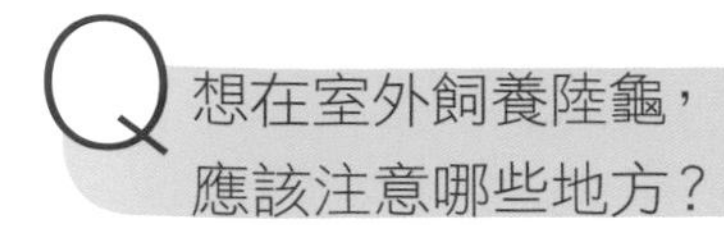

Q 想在室外飼養陸龜，應該注意哪些地方？

A 陸龜基本上是熱帶區域的生物，因此整年都能夠養在日本戶外的，僅限於部分在大自然中擁有度冬習性的品種。除此之外的品種，並不具備度過日本嚴冬的冬眠能力，因此無法撐過冬季。但就算是無力度冬的品種，有些在約莫初夏到入秋間的特定期間，還是可以養在戶外。養在室外雖然會有溫度較難管理的缺點，卻也有著能在陽光滋潤下獲得紫外線等優點。如果是圈養在庭園裡頭，空間上也會比飼養箱更有餘裕，在緩和壓力及增加運動量方面，相信都會很有幫助。

在室外飼養時的注意要點，首先如果是雨會下進飼養區域的布局，就必須想辦法避免積水。尤其若是將水槽等飼育箱拿到戶外放的形式，只要一降雨水就會積在水槽內部。可以拿像是屋瓦等物品來覆蓋，或將飼養箱放在戶外不會淋到雨的地點等等。喜愛乾燥的品種，如果一直處於被雨弄濕的環境之中，對於健康並非好事。

如果飼育場地會照到陽光，則務必要設置陰影處，以便烏龜在陽光過強或氣溫過高時能夠躲藏。在夏季等時刻，烏龜的體溫會在短時間內攀升，經常會導致過熱的意外。就算沒有養在室外，在為了做日光浴而暫時將飼養箱拿到外頭等情況下，也務必要在飼養箱內部做出一半的遮陰處。

保護烏龜不受烏鴉和貓等動物威脅，同樣也很重要。烏鴉很聰明，即使面對重到無法憑自力提起的烏龜，也懂得從上方扔石頭，或去啄烏龜的頭或手腳，使烏龜負傷。市面上有販賣防烏鴉的網子，最好把室外飼養的場地全面蓋住。

另外也要充分預防烏龜逃走。如果是距離庭院等處較遠的地方，圍欄必須做到即使烏龜撐起手腳，前肢也難以搆到的高度，還要把圍欄插入地底下。四爪陸龜等具有很強的挖洞能力，因此也曾發生過烏龜在挖出意想不到的深度後逃走的案例。

Q 可以飼養多隻陸龜嗎？

A 陸龜基本上都是草食性，乍看之下像和平主義者，彷彿就算養很多隻也不會有問題。然而，陸龜實際上很少有團體生活及同居生活，在大自然中是個體密度相當低的一群。

在飼養過程中，從幼體到年輕個體的階段，幾乎所有品種都不會惹事生非，因此可以把品種相同，或飼養環境類型相符的品種養在一起。這種時候必須注意環境是否夠寬敞，在烏龜移動的時候，不能妨礙到同居的其他個體。等到烏龜長大，開始出現性別差異之後，許多品種的雄龜都會纏著雌龜強迫交尾，導致雌龜身心俱疲；而雄龜之間也會出現鬥爭等習性，因此若要養在一起，就必須加倍留意。例如希臘陸龜等，大多數的陸龜屬雄龜都會出現「戰鬥」行為，在對決時會彼此碰撞龜甲，藉以撞擊對手的頭部。這種戰鬥相當激烈，龜甲的敲擊聲響，甚至從遠處也能聽見。像是黃頭陸龜等一旦發情，性情就會變得暴躁，會去啃咬其他雄龜，或追逐著雌龜脅迫交尾。黃頭陸龜及黃腿象龜等的肉食性都很強，因此常會發生啃食其他個體等意外，這一點也必須注意。

如果要飼養好幾隻超過亞成體的烏龜，也必須確認較溫順的個體是否會因為敵不過較活潑的個體，而靜靜待在角落。如果受到活潑個體的壓迫，有時還會在吃不到東西的情況下變得衰弱。

另外，除了野生個體和繁殖個體必須分開，即使同為野生個體，也要避免將不同棲息區域的品種養在一起。某區生物所具有抵抗力的病原菌等，對其他區域的品種而言也有可能會致命。另外在過去，也發生過野生個體所攜帶的寄生蟲傳染給繁殖個體，導致健康出問題的案例。

Q 需要驅除寄生蟲嗎？

A 人們對於驅除寄生蟲的看法很兩極。沒有寄生蟲自然是再好不過，但有時也會碰到一定要驅完蟲才能飼養的情況。這雖然也會因品種而異，但在野外的個體，體內100%會有寄生蟲；反過來講，沒有寄生蟲才叫奇怪。其實只要個體的身體健康，就能與這些寄生蟲好好共存，不會引發太大的問題。但若個體的健康失衡或變得虛弱，就會破壞跟寄生蟲間的平衡，使寄生蟲增生到異常的數量，這種時候才會衍生事端。這其實是因為烏龜自身的健康管控沒有做好，所引發的附屬問題，跟寄生蟲無關。如果能把烏龜養得健康，在野生時通常就會存在的寄生蟲，其實不需要太過在意。

當某個品種在接觸其他個體等因素下，感染了自然狀態下所不會擁有的寄生蟲，則會是比較嚴重的狀況，這經常會導致烏龜健康失衡、變得虛弱。

想要驅除寄生蟲，首先必須正確掌握寄生蟲的類型，選擇適合的藥品，遵守正確的投藥量及次數才能達成。外行人如果在自行判斷下執行，反而可能導致狀態惡化。因此當發現烏龜食慾不佳，或糞便中出現許多寄生蟲等徵兆，就要前去請教有在診療爬蟲類的獸醫師，用正確的方法驅蟲。

Q 陸龜也會脫皮嗎？

A 大多爬蟲類都以會隨成長脫皮著稱，烏龜們其實也會脫皮。但牠們脫皮的方式，並不像有鱗目的蛇類那樣，會把全身上下的皮整個脫掉。烏龜的脫皮會發生甲殼以外的頭部、手腳，尤其是根部處。如果是水棲龜類，就能觀察到不要的皮膚彷彿泡水膨脹般逐漸脫落的模樣，至於陸龜，如果沒有非常認真觀察，其實很難辨別脫皮的模樣，因此有時會被認定為不會脫皮。當陸龜的腋下、後肢根部、脖子等處的柔軟皮膚出現薄薄一層的脫落情形，彷彿可以剝掉一般，那就是牠們在脫皮。

龜甲的部分又是如何呢？水棲龜類的龜

甲可能不會脫皮，取而代之，牠們隨著成長慢慢往上推的舊甲板，則會一片一片逐漸剝落。至於陸龜的老舊甲板則不會剝落，而會逐漸重疊出年輪般的層次。

Q 我希望龜甲能夠長得漂亮！

A 陸龜這種龜類的最大特徵，就是擁有龜甲。龜甲也是身體相當重要的一個部分。龜甲大致可以分成兩種，位在與背骨緊貼的骨板上方，被稱為「甲板」、由角質層所重疊出的背甲；以及覆蓋在腹部側，同樣由角質層在骨板上頭累積而成的腹甲。

如果長期進食不均衡或營養不足，龜甲便無法隨成長順利發展成形，外觀可能會變得很不自然。龜甲無緣無故比一般個體更顯扁平，或者甲板長得坑坑疤疤，彷彿每一片都往外突出等，都是陸龜身上的常見狀況。這些龜甲之所以成長異常，經常是源自於鈣質不足所導致的代謝性骨病，不止龜甲，就連身體的某些部分都可能會變形。最常見的狀況，就是烏龜開始拖著後肢走路，這可說是即將演變成嚴重代謝性骨病的前兆。如果情況嚴重，頭部的骨頭，尤其下顎可能會突出變形（有時則是這些狀況率先發生）；再糟糕一些，甚至可能會咬不動食物。而若演變成重症，龜甲還可能會軟化。為了防止這些情況，從平時就必須持續讓烏龜攝取鈣質等礦物質群。目前某些市售的補鈣劑，會含有綜合維生素及其他微量的礦物質成分，因此可以運用這類產品，或組合數種類型，撒在食物上給烏龜吃。如果症狀還在初發的程度，只要適切地攝取鈣質，歪掉的部分經常還可以復原。另外，龜甲形狀有時也會因為給予脂質過多的食物而歪斜，因此若是須以低卡路里植物為主食的品種，最好就不要提供配方飼料等高卡路里食材。

另外還有一種情況，像是喜愛潮濕的黃腿象龜和紅腿象龜，如果養在乾燥的環境之中，龜甲的生長紋常會無法順利延伸或歪掉，使得龜甲的成長比手腳和頭部還要遲緩，長成龜身彷彿從龜甲擠出的模樣。若想防止這類情形，在幼體時期就必須充分注意空氣的濕度，並偶爾弄濕整個龜甲，做做溫水浴等。

參考文獻

- 《CREEPER》（CREEPER 社）
- 《EXTRA CREEPER》（誠文堂新光社）
- 《ビジュアルガイド・リクガメ》（山田和久，誠文堂新光社）
- 《VIVARIUM GUIDE》（MPJ）
- 《リクガメ大百科》（小家山 仁，MPJ）

其他、眾多網站

References

著　海老沼　剛

1977年生於橫濱。爬蟲類、兩生類專賣店「Endless Zone」（http://www.enzou.net/）店長。著有《爬虫・両生類ビジュアルガイド トカゲ①》、同系列《トカゲ②》、《カエル①②》、《水棲ガメ①②》、《爬虫・両生類飼育ガイド ヤモリ》、《爬虫・両生類パーフェクトガイド カメレオン》、同系列《水棲ガメ》、《爬虫類・両生類ビジュアル大図鑑 1000種》、《世界の爬虫類ビジュアル図鑑》、《世界の両生類ビジュアル図鑑》、《ゲッコーとその仲間たち》（誠文堂新光社）、《カエル大百科》（マリン企画）、《爬虫類・両生類1800種図鑑》（三才ブックス）、《豹紋守宮超圖鑑：一本掌握守宮生態及品種解析》、《鬆獅蜥超圖鑑：從特徵到遺傳知識一本囊括》（台灣東販）及其他眾多書籍。

編輯・攝影　川添　宣広

1972年生。自早稻田大學畢業後，曾於出版社任職，後於2001年獨立開業（Email: novnov@nov.email.ne.jp）。除爬蟲、兩生類專業雜誌《CREEPER》外，尚曾負責《爬虫・両生類ビジュアルガイド》、《爬虫・両生類飼育ガイド》、《爬虫・両生類ビギナーズガイド》、《爬虫・両生類パーフェクトガイド》等系列，以及《爬虫類・両生類ビジュアル大図鑑 1000種》、《日本の爬虫類・両生類飼育図鑑》、《爬虫類・両生類の飼育環境のつくり方》、《EXTRA CREEPER》、《世界の爬虫類ビジュアル図鑑》、《世界の両生類ビジュアル図鑑》、《かわいいは虫類・両生類の飼い方》、《アロワナ完全飼育》、《爬虫類・両生類フォトガイド》系列、《日本の爬虫類・両生類フィールド観察図鑑》（誠文堂新光社）、《ビバリウムの本 カエルのいるテラリウム》（文一総合出版）、《爬虫類・両生類1800種図鑑》（三才ブックス）等眾多相關書籍與雜誌。

攝影協力　アクアセノーテ、aLiVe、iZoo、いまそんふぁ〜む、ウッドベル、エンドレスゾーン、カフェリトルズー、カミハタ養魚、カメランドヒグチ、草津熱帯圏、小家山仁、サウリア、櫻井トレーディング、高田爬虫類研究所、トコチャンプル、爬虫類倶楽部、Herptile Lovers、B・BOXアクアリウム、V-house、プミリオ、松村しのぶ、ミステリーアニマルタオ、横浜市立野毛山動物園、吉岡養魚場、リミックスペポニ、レップジャパン、レプタイルショップ、わんぱーく高知アニマルランド、伊地知英信、国島洋、設楽裕始、清野哲男、友永達也、Gai、カメカメハウス、けんけんさん、Aさん、Hさん、NHさん、CITES0、YTさん

照片提供　海老沼剛、柏原紘兵・美幸

DESIGNED BY *IMPERFECT*
ART DIRECTION 竹口 太朗 / DESIGN 平田 美咲

Staff

陸龜超圖鑑
物種解說、分類飼育方法完全收錄

2017年7月1日初版第一刷發行
2023年3月1日初版第四刷發行

著　　者　海老沼 剛
編輯・攝影　川添 宣広
譯　　者　蕭辰倢
編　　輯　楊麗燕
美術主編　陳美燕
發 行 人　若森稔雄
發 行 所　台灣東販股份有限公司
＜地址＞台北市南京東路4段130號2F-1
＜電話＞(02)2577-8878
＜傳真＞(02)2577-8896
＜網址＞http://www.tohan.com.tw
郵撥帳號　1405049-4
法律顧問　蕭雄淋律師
總 經 銷　聯合發行股份有限公司
＜電話＞(02)2917-8022

國家圖書館出版品預行編目資料

陸龜超圖鑑：物種解說、分類飼育方法完全收錄 / 海老沼 剛作；蕭辰倢譯 . -- 初版 . -- 臺北市：臺灣東販 , 2017.07
128面；18.2x25.7公分
ISBN 978-986-475-389-5(平裝)

1. 龜 2. 寵物飼養

437.394　　106008622